プードルの顔カットを視覚で覚える！

グラフィック トリミング

ロジカルトレーニングBOOK

監修 髙木美樹

EDUWARD Press

Profile
髙木美樹 （Miki Takagi）

滋賀県彦根市のトリミングサロン「TALL TREE.」のオーナートリマー。
アメリカ留学時に「犬に負担をかけずに、美しく短時間で仕上げること」を目的としたスピーディなトリミングに感銘を受け、現地で技術を身に付ける。
帰国後、犬に負担をかけずに、飼い主さんの好みや日本のライフスタイルに合わせた「スピードトリミング®」にアレンジ。
現在は現役トリマーとして腕をふるう一方で、スピードトリミング®をテーマとしたセミナーを全国各地で開催し、普及に努めている。

CONTENTS

プードルの顔カットを視覚で覚える！
グラフィックトリミング
ロジカルトレーニングBOOK

基礎知識編

CHAPTER 01
顔カットのスリーポイントとは？ …… 006
① そもそも"かわいいスタイル"って何？ …… 006
②「顔・頭」、「耳」、「マズル」、3つのポイントを分けて考える …… 007
③ シャンプー＆ブローの重要性 …… 007

CHAPTER 02
プードルの顔カットのロジック …… 008
① カット前のチェックポイント …… 008
② 顔・頭のスタイルの種類 …… 010
③ マズルのスタイルの種類 …… 013
④ 耳のスタイルの種類 …… 014
⑤ 覚えておきたいカットテクニック …… 016

CHAPTER 03
はじめよう！ウィッグ・トレーニング …… 020
① ウィッグを使うメリット …… 020
② ウィッグのセッティング方法 …… 021

カットテクニック編

CHAPTER 04
テディベア系のカット ロジカル解説 …… 024

CHAPTER 05
アフロ系のカット ロジカル解説 …… 040

スタイルバリエーション編

CHAPTER 06
顔のスタイルバリエーション176 …… 055

① テディベア系のバリエーション
Style_01 顔がまん丸のテディベア …… 056
Style_02 顔がだ円のテディベア …… 062
Style_03 小顔のテディベア …… 069
Style_04 モヒカンスタイル …… 080
Style_05 フェイクアフロ …… 085

② アフロ系のバリエーション
Style_06 ノーマルアフロ …… 090
Style_07 アシンメトリー …… 096

③ その他のバリエーション
Style_08 トップノット …… 106
Style_09 ピーナッツ …… 116
Style_10 フリースタイル …… 119

< Basic >

基礎知識編

CHAPTER 01
顔カットのスリーポイントとは？ ……… 006
① そもそも"かわいいスタイル"って何？
②「顔・頭」、「耳」、「マズル」、3つのポイントを分けて考える
③ シャンプー&ブローの重要性

CHAPTER 02
プードルの顔カットのロジック ……… 008
① カット前のチェックポイント
② 顔・頭のスタイルの種類
③ マズルのスタイルの種類
④ 耳のスタイルの種類
⑤ 覚えておきたいカットテクニック

CHAPTER 03
はじめよう！ウィッグ・トレーニング ……… 020
① ウィッグを使うメリット
② ウィッグのセッティング方法

CHAPTER 01 | 顔カットのスリーポイントとは？

① そもそも"かわいいスタイル"って何？

飼い主さんの希望と犬の個性を優先する

ペットトリマーであれば、誰もが"犬をかわいくしたい！"と考えていると思いますが、"かわいい"と思うスタイルは、人によって全く違います。自分がかわいいと思うスタイルを、飼い主さんもかわいいと思うとは限りません。

さらにペットの場合は、かわいいだけでなく、「お手入れがしやすい」、「犬が過ごしやすい」、「犬に負担が少ない」といったことも考慮する必要があります。

"かわいいスタイル"を作るためには、トリマーは主役ではなく、あくまで主役は、犬と飼い主さんになります。

まず飼い主さんがイメージしている"かわいいスタイル"をヒアリングした上で、そのコの骨格や毛質・毛量を踏まえて実現可能か判断し、さらに犬にとって負担の少ないスタイルを提案するようにしましょう。

[ペットのスタイリングの流れ]

飼い主さん

- 飼い主さんがイメージしている"かわいいスタイル"
- 飼い主にさんに喜ばれるスタイル

トリマー → 犬

- 骨格・毛質・毛量を踏まえたスタイル
- お手入れがしやすいスタイル
- 過ごしやすいスタイル
- 犬に負担の少ないスタイル

②「顔・頭」、「耳」、「マズル」、3つのポイントを分けて考える

パーツを3つに分けて考えると、時間が短縮できる

　プードルの顔のスタイルは、やろうと思えば無限に作り出すことができるため、「このスタイルにしよう！」と決めたとしても、カットをしているうちに「やっぱりここはこうした方が…」と迷いが出てしまうことがあります。

　こうした迷いをなくすためには、パーツを「顔・頭」、「耳」、「マズル」の3つに分け、「顔・頭」はコレ、「耳」はコレ、「マズル」はコレと、それぞれ別に考えてスタイルを組み合わせていきます。

　こうしてキーになる3つのパーツを決めてしまえば迷いがなくなり、あとはカットをしながら微調整するだけになるので、カット時間を短縮することができます。

※それぞれのパーツの詳細は、Chapter 2を参照。

[スタイリングのキーとなる3つのパーツ]

①顔・頭
②耳
③マズル
②耳

③ シャンプー&ブローの重要性

シャンプー&ブローができていないと、思ったような仕上がりにならない

　飼い主さんと犬を優先して考え、「これならピッタリ似合う！」というスタイルを見つけたとしても、いざカットする時にブローで毛がしっかり伸ばせていないと、思っていたスタイルに仕上げることはできません。

　毛をしっかり伸ばすためには、その前のシャンプーで汚れをしっかり落とせていないと、どんなにブローをしても、付着している汚れや油分の重みで毛が寝てしまいます。

　特に顔周りは犬が嫌がり、目の周りや耳の内側などの細かい部分が洗いきれていないこともあります。

　シャンプー剤で洗いにくい部分は、クレンジングオイルを使うと、簡単に汚れを落とすことができるので、洗い残しのないように、しっかりと汚れを落とすようにしましょう。

シャンプー剤を泡立ててから洗うと、汚れが落ちやすくなります。

しつこい汚れや、洗いにくい部分には、クレンジングオイルを使用します。

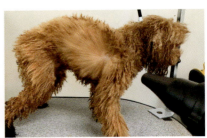
ホースドライヤーを使うと、ブロー時間が短縮でき、しっかり毛を伸ばすことができます。

CHAPTER 02 | プードルの顔カットのロジック

① カット前のチェックポイント

「耳」、「毛質」、「毛量」の3つは必ず確認する

　飼い主さんが「このスタイルにしたい」という希望をあらかじめ持って来店することも多いと思いますが、実際にその通りにできることは少ないといえます。

　飼い主さんの希望をそのまま聞いてしまうと、苦労してそのスタイルに近づけようとしても、結局「イメージと違う…」となってしまいがちです。

　そうならないためにも、飼い主さんが希望するスタイルがそのコで実現可能か、カウンセリング時に確認しておく必要があります。

　トリマーが必ず確認するべきポイントは、「耳の位置や大きさ」、「毛質」、「毛量」の3つになります。この3つの他、毛玉の有無やお手入れの頻度を確認して実現可能と思ったら、「顔・頭」、「耳」、「マズル」の3つを組み合わせて、最終的にどんなスタイルにするかを決めます。

[スタイル決定までの流れ]

1 耳の位置や大きさを確認する

2 毛質を確認する

3 毛量を確認する

4 「顔・頭」のスタイルを決める　**5 「耳」のスタイルを決める**　**6 「マズル」のスタイルを決める**

耳の位置や大きさで、スタイル選択が大きく変わる

まず、最初に確認をしなければいけないのが、そのコ本来の耳の位置や大きさです。飼い主さんも耳の位置がわからずオーダーすることが多く、もともと耳の位置が低いコに対して、耳付きを高く設定したスタイルを作るのは無理があります。

耳の大きさも重要で、確認をしておかないと飼い主さんがイメージしている耳のボリュームよりも大きかったり小さかったりしてしまいます。

すでにこの段階で、できるスタイルが絞られてくるので、必ず事前に確認しましょう。

耳の高さと長さの相関図

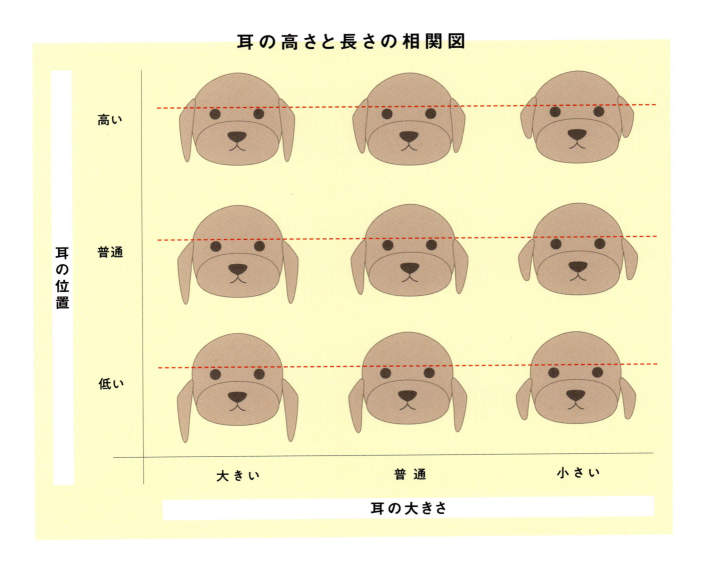

毛質と毛量次第では、オーダーとは違うスタイルを提案

耳の次の確認するのが、毛質と毛量です。人間でも、くせが強い毛質なのにサラサラのストレートスタイルを希望したり、毛量が少ないのにボリュームのあるスタイルを希望するのは無理があるため、別のスタイルを提案することがほとんどだと思います。

無理にそのスタイルを作ろうとしても、結局「イメージと違う…」となってしまうので、きちんとそのコの個性を説明した上で、そのコに合った別のスタイルを提案した方がよいでしょう。

② 顔・頭のスタイルの種類

大きく3種類、細かく10種類に分類できる

　プードルの顔・頭のスタイルは、大きく分けると1.テディベア系、2.アフロ系、3.その他の3つに分類できます。

　1.テディベア系は、さらに「顔がまん丸」、「顔がだ円」、「小顔」、「モヒカン」、「フェイクアフロ」の5つに分類できます。

　2.アフロ系は、さらに「ノーマルアフロ」、「アシンメトリー」の2つに分類できます。

　3.その他のスタイルは、さらに「トップノット」、「ピーナッツ」、「フリースタイル」の3つに分類できます。

　通常、飼い主さんからオーダーされるスタイルは、「フリースタイル」を除く9種類のどれかに当てはまるので、基準として覚えておくとよいでしょう。

顔・頭のスタイルの分類

テディベア系のスタイル

テディベア系とは、顔・頭と耳を分離して作るスタイルのことをいいます。顔の形は、「まん丸」、「だ円」、「小顔」のどれかで作ることが多く、テディベア系のオーダーを受けた場合は、まずこの3つの中から選びます。

顔を「だ円」か「小顔」に作る場合は、頭を丸くせずに尖らせることで、「モヒカン」に変化させることができます。

「まん丸」で作る場合は、顔が大きいため「モヒカン」はあまり似合いません。

また、「小顔」に作る場合は、耳とトップの毛をつなげて作ることで、アフロに似た「フェイクアフロ」に変化させることができます。「ノーマルアフロ」との違いは、顔の輪郭をとっている点です。

[**テディベア系のスタイルの分類**]

Style_01
顔がまん丸

▶ バリエーションはP56へ
顔・頭を、大きめのまん丸に作ります。マズルは顔の外周に合わせた大きさに作ります。

Style_02
顔がだ円

▶ バリエーションはP62へ
顔・頭を、縦長のだ円形に作ります。目尻から輪郭まで、少し毛を残すのが特長です。マズルは顔の外周に合わせた大きさに作ります。

頭を尖らせる →

Style_04
モヒカン

▶ バリエーションはP80へ
顔をだ円や小顔に作り、頭を尖らせるように作ります。マズルは、顔・頭をだ円に作った場合は顔の外周に合わせた大きさに作り、小顔に作った場合は、色々な形にしてもかわいくなります。

Style_03
小顔

▶ バリエーションはP69へ
顔・頭を、縦長のだ円形に作ります。輪郭を目尻のギリギリに作るのが特長です。マズルは、「大きめのだ円」、「小さめのだ円」、「逆三角形」など、色々な形にしてもかわいくなります。

頭を尖らせる ↗

耳とトップをつなげる →

Style_05
フェイクアフロ

▶ バリエーションはP85へ
顔を小顔に作り、耳とトップの毛をつなげて作ります。ノーマルアフロとの違いは、おでこまでは輪郭をはっきりとって、顔と耳を分けるように作る点です。

CHAPTER | 02 | プードルの顔カットのロジック

アフロ系のスタイル

アフロ系とは、「顔・頭」と「耳」を一体化して作るスタイルのことをいいます。テディベア系との大きな違いは、顔の輪郭がはっきりとはない点です。

「ノーマルアフロ」の一体化している耳を、片方だけ顔と分けて作ると「アシンメトリー」に変化させることができます。

[アフロ系のスタイルの分類]

Style_06
ノーマルアフロ

Style_07
アシンメトリー

片耳だけ
顔と分ける

▶ バリエーションはP90へ

顔・頭と耳を一体化させ、トータルで丸いイメージに作ります。マズルは、「大きめのだ円」、「小さめのだ円」、「逆三角形」など、色々な形にしてもかわいくなります。

▶ バリエーションはP96へ

ノーマルアフロの片方の耳だけ、顔と分けて作ります。マズルは、「大きめのだ円」、「小さめのだ円」、「逆三角形」など、色々な形にしてもかわいくなります。

その他のスタイル

主流となっているテディベア系やアフロ系の他にも、トップの毛を結んでゴージャスに作る「トップノット」や、頭を顔やマズルよりも大きく作る「ピーナッツ」などは、根強い人気があるスタイルです。

また、これまでに挙げた9つのスタイルには当てはまらないオリジナルのスタイルや、他の犬種に似せて作るスタイルなどは、「フリースタイル」として分類します。

Style_08
トップノット

Style_09
ピーナッツ

Style_10
フリースタイル

▶ バリエーションはP106へ

顔は目尻のギリギリに作り、トップの毛を伸ばして結んだスタイルです。
マズルは、「大きめのだ円」、「小さめのだ円」、「逆三角形」など、色々な形にしてもかわいくなります。

▶ バリエーションはP116へ

頭を顔やマズルよりも大きくして、ピーナッツ型に作るスタイルです。
マズルは大きくせず、「小さめのだ円」、「逆三角形」などに作ります。

▶ バリエーションはP119へ

どれにも当てはまらない、オリジナルのスタイルです。プードル以外の犬種に似せて作ることもあります。
飼い主さんからのオーダーは少ないかもしれませんが、作ってみると楽しいスタイルです。

③ マズルのスタイルの種類

大きく3種類に分類できる

マズルは大きく分けると、「大きめのだ円」、「小さめのだ円」、「逆三角形」の3つに分類することができます。

マズルは、まん丸よりもだ円に作った方がかわいく見え、大きさを変えるだけでも印象が違って見えます。

「大きめのだ円」や「小さめのだ円」を作る時は、顔の幅を基準に、それよりも大きくするか小さくするか、飼い主さんの希望によって選びます。

マズルの左右を斜めに切り上げて「逆三角形」に作ると、口角が上がって笑顔のようなイメージにすることができます。

その他、ラムクリップなど、マズルの毛をかなり短くするスタイルもあります。

[マズルのスタイルの分類]

大きめのだ円
顔の幅よりも
大きく作ります。

小さめのだ円
顔の幅に合わせるか、
それよりも小さく作ります。

逆三角形
マズルの左右を斜めに
切り上げます。

ラムクリップ風

マズルの毛をバリカンで刈るなど短くし、
口元を丸く作ります。

④ 耳のスタイルの種類

耳は「高さ」、「長さ」、「形」を変えて組み合わせる

耳のスタイルを決める時は、耳付きの「高さ」、下の毛の「長さ」、下の毛の「形」の3つを考慮し、それぞれを変えて組み合わせることで、たくさんのバリエーションを生み出すことができます。

「高さ」は、本来の耳の位置を普通として、頭の毛も合わせて高く作ることや、頭の毛をつなげて丸く作ることができます。

「長さ」は、あご下を基準に考えて、それよりも長いか短いかで長さを調整します。

「形」は、毛先を整える程度の「ナチュラル型」、丸くする「丸型」、毛先を直線的にカットする「まっすぐ型」などがあります。

[耳のスタイルの分類]

耳付きの「高さ」

つなげる
耳の毛と頭の毛を完全につなげて、丸く作ります。

高い
耳の毛と頭の毛がつながった状態から、センターの毛をカットして、耳付きを高く作ります。

普通
本来の耳の位置を基準にして作ります。

耳の下の毛の「長さ」

長い
あご下よりも長く作ります。

普通
あご下に合わせるか、やや長めに作ります。

短い
あご下よりも短く作ります。

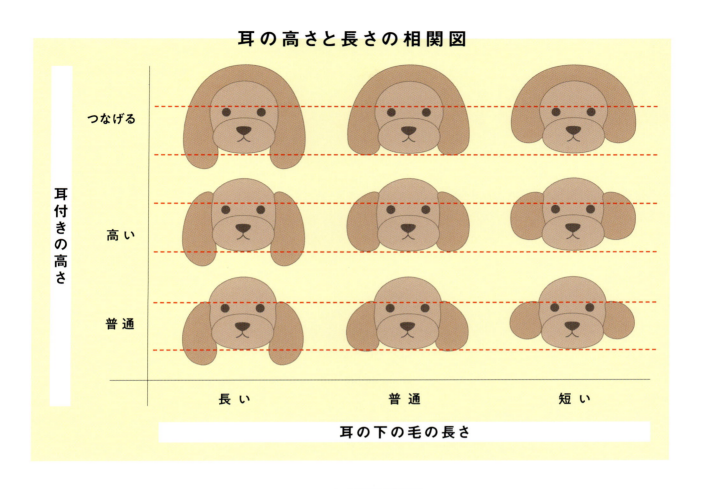

耳の下の毛の「形」

ナチュラル型
毛先を整える程度に自然に作ります。

丸型
丸みを帯びた形に作ります。

まっすぐ型
シザーをまっすぐ入れて、直線的な部分を作ります。

その他のスタイル

その他にも、耳本来の形に合わせて、耳なりに短くしたり、耳の根本だけバリカンで刈り、耳先の毛を残すスタイルもあります。

耳なり
本来の耳の形に合わせて、耳なりに短くカットします。

コッカー風
耳の根本から中間くらいまでをバリカンで刈り、耳先から半分くらいの毛は残します。

ベドリントン風
耳の根本からほぼ全体にバリカンを入れ、耳先の毛だけを残します。

⑤ 覚えておきたいカットテクニック

目の周りのカットのポイント

どのスタイルを作る場合でも共通していえるのが、目の周りはしっかりカットするということです。特に目頭の下は、涙が溜まりやすく汚れる部分なので、三角形に切るイメージで凹みを作り、涙が流れ落ちやすくします。

また、どんな犬でも目を大きく見せるとかわいくなるため、目の際の毛だけをしっかり切り、目がはっきり見えるように作ります。

よく飼い主さんから、「目の上の毛を切ってほしい」というオーダーがあると思いますが、目の上の毛とは「目の外周の毛」のことをいいます。「目の上にある頭の毛」のことではないので、頭の毛まで切らないように注意しましょう。

[目頭の下のカットのポイント]
▶ 詳細はP26へ

コームで目頭の下の毛を出します。

三角形に切るイメージで凹みを作ります。

[目の際のカットのポイント]
▶ 詳細はP27へ

目の際だけを切ると、
目がはっきりして大きく見えます。

目の外周に沿って際の毛だけを切ります。
他の毛まで切らないよう、シザーの角度に注意します。

頭の毛まで切ると、
頭のスタイルが崩れてしまうのでNGです。

マズルのカットのポイント

マズルをきれいにかわいく見せるには、シンメトリーに作る必要があります。最初から丸みを帯びた形に作っていくと、半面が小さくなってしまった時に、もう半面も小さくしないといけないため、どんどん小さくなって失敗しがちです。

こういった失敗をしないためには、最初は基準としてマズルの上下を直線的にまっすぐにカットし、四角形をイメージして作った方が効果的で、より早く作ることができます。

四角形を作った後は、角をカットして丸めていき、「大きめのだ円」、「小さめのだ円」、「逆三角形」などに作っていきます。

[**マズルのカットのポイント**]

▶ 詳細はP32へ

マズルの上下を直線的カットして、四角形を作ります。

作りたい大きさや形に合わせて、左右を斜めにカットします。

作りたい大きさや形に合わせて、残った角を丸めていきます。

大きめのだ円のマズル。

小さめのだ円のマズル。

逆三角形のマズル。

耳のカットのポイント

耳をカットする時も、左右対称のシンメトリーに作ることが重要です。カット前に本来の耳の位置を左右ともに確認し、耳付きが違う場合は、どちらの耳の高さに合わせてスタイルを作るか決めます。

左右の耳を一気に作ってしまうと、大きさが違ってしまいがちなので、まずは片方の耳を作り、目尻を基準にコームなどを使って位置を測りながら、もう片方の耳を作るようにすると失敗しにくくなります。

また、耳の付け根の毛は、耳本体の毛とは毛質が違います。付け根ギリギリから作ると、毛質が違う部分が目立ってしまい、きたなく見えるので、耳の付け根より1cmほど外側からカットするとよいでしょう。

[**耳のカットのポイント**]
▶ 詳細はP28へ

本来の耳の高さを、左右ともに確認します。

作りたい耳の高さをイメージしながら、左耳の位置を決めます。

コームなどで目尻からどれくらいの位置でカットしたか確認します。

左耳と同じ位置でカットします。

基準となるラインがシンメトリーになっているか確認します。

マズルなどを作った後、左耳の形を整えていきます。

中心となる鼻の位置を、
コームなどを使って確認します。

左耳と同じ大きさになるように、
右耳の形を整えていきます。

本来の耳の長さを確認し、イメージしている長さよりも1cmくらい長めにカットして、徐々に整えていきます。

犬が動いた時に耳を切らないよう、
常に耳をさわりながらカットします。

先に切った耳と同じ長さになるように確認しながら、
もう片方の耳もカットします。

全体がシンメトリーになるように、
左右の形を整えます。

スタイルを長持ちさせるポイント

　カット後にスタイルを長持ちさせるためには、コーミングがとても重要です。1本1本の毛を根元からしっかり伸ばしてカットしないと、毛が伸びた時に目立つようになり、時間が経つと長さがバラバラになってしまいます。

　また、切り残しがあると毛が伸びてきた時に目立ってきます。切り残しは、犬が動くと自然に出てくるので、カット中、時々犬の耳を上げたり軽く振ったりするとよいでしょう。

　ボディーのカット前に顔の粗切りをしておくと、ボディーをカットしている間に犬が動き、切り残しの毛が出てくるので、先に顔の粗切りをするのもおすすめです。

[スタイルを長持ちさせるポイント]

コーミングをする時は、
毛を根本からしっかり伸ばします。

カット中、時々犬の耳を上げたり軽く振ったりして、
切り残しがないか確認します。

CHAPTER 03 | はじめよう! ウィッグ・トレーニング

① ウィッグを使うメリット

個体差がないので、スタイルの比較がしやすい

　ウィッグは、耳・目・鼻の位置や毛質・毛量などが同じで、本物の犬のような個体差がないため、ベースとなるスタイルの特長や違いを理解するのに便利です。

　ベースとなるスタイルを理解しておくと、そこからパーツの一部を変えるだけで、たくさんのバリエーションを生み出すことができます。

　また、ベースとなるスタイルを理解しておくと、本物の犬をカットする時にも、骨格の違いや毛質・毛量の違う場合に、どこをアレンジすればよいかがわかるようになります。

　本物の犬は、カットしてしまうと毛が伸びるまで時間がかかりますが、ウィッグはいつでもカットの練習をすることができます。カット後も、お店に展示をしておくと、飼い主さんへの接客に使うこともできます。

[パーツの違いによる変化]

同じ顔・頭とマズルで、耳だけを変化させた場合
※顔・頭：だ円
マズル：小さめのだ円

| 耳の下の毛が長い | 耳の下の毛が普通 | 耳の下の毛が短い |

同じ顔・頭と耳で、マズルだけを変化させた場合
※顔・頭：小顔
耳の下の毛：普通

| マズルが大きめのだ円 | マズルが小さめのだ円 | マズルが逆三角形 |

② ウィッグのセッティング方法

センターがずれないように取り付ける

　本体になる人形とカットするウィッグ（毛）は別売りになっているため、ウィッグを取り換えるだけで何度でも練習することができます。

　ウィッグは、耳が左右対称に付いていて、鼻が中心になるため、正確に取り付けないとバランスが崩れてカットしにくくなってしまいます。

　鼻を中心にウィッグを取り付けたら、毛を伸ばした後に目を取り付けてカットスタートです。

[必要な道具]

① 本体
a. 本体の人形　b. 目と鼻のパーツ
c. 千枚通し
※使用している商品は、
a,b,cがセットで販売されています。

② ウィッグ
※使用している商品は、ホワイト、レッド、シルバー＆ホワイト、クリーム＆ホワイトの4色があります。

③ スリッカー

④ コーム

[ウィッグのセッティング方法]

1

ウィッグをめくって裏側を出します。

2

目を取り付ける位置の目安となる小さな穴があるので、千枚通しで穴を大きくしてわかりやすくしておきます。

3

ウィッグを元に戻して人形にかぶせます。

4

スリッカーを入れて毛を伸ばします。

5

耳の付け根は、毛が伸ばせていないことが多いので、特にしっかり伸ばします。

6
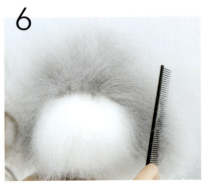
コーミングをしてさらに毛を伸ばします。

CHAPTER | 03 | はじめよう！ウィッグ・トレーニング

7

鼻はウィッグを裏返した時にある縫い目がセンターになります。
その縫い目が鼻の中心に来るように合わせます。

8

人形に空いている鼻の穴を探し、千枚通しをウィッグに刺して穴を貫通させます。

9
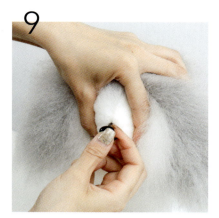
付属の鼻のパーツを穴に入れて取り付けます。

10

ウィッグの毛が巻き込まれて、パーツを穴に入れにくい場合は、ミニばさみで穴の中の毛を少し切って、パーツを入れやすくします。

11

鼻のパーツを取り付ける時に力を入れ過ぎると、口の部分が折れてしまいがちなので注意します。

12

鼻を取り付けて中心を決めたら、人形に空いている目の穴を探し、千枚通しをウィッグに刺して穴を貫通させます。

13

鼻と同じように、ウィッグの毛が巻き込まれて、パーツを穴に入れにくい場合は、ミニばさみで穴の中の毛を少し切ります。

14

目のパーツは左右が対称の位置になるように確認しながら取り付けます。

15

最後にしっかりコーミングをして完成です。

ウィッグの耳を短くしたい場合

ウィッグに付いている耳が長い場合、耳を折りたたんで安全ピンなどでとめてカットすると、短くすることができます。

< Cut Technique >

カットテクニック編

CHAPTER 04
テディベア系のカット ロジカル解説 ……………… 024

CHAPTER 05
アフロ系のカット ロジカル解説 ………………… 040

CHAPTER 04 | テディベア系のカット ロジカル解説

① スタイリングのポイント

「顔・頭」、「耳」、「マズル」をはっきり分けて、立体感を出す

テディベア系とは、「顔・頭」、「耳」、「マズル」を分離して作るスタイルのことをいいます。この3つのポイントをはっきり分けて作ることで、より立体感のあるきれいなテディベアを作ることができます。

その他、どのスタイルにも共通していますが、目の周りはしっかりカットして、目を大きく見せると、よりメリハリのあるかわいいテディベアを作ることができます。

また、「顔・頭」の形を「まん丸」、「だ円」、「小顔」などにアレンジしたり、耳の長さを変えるとバリエーションを増やすことができます。

[仕上がり]

目は際をしっかり切ると、目が大きく見えるだけでなく、全体的にメリハリのある仕上がりにすることができます。

FRONT

TOP-1

TOP-2

SIDE-1

BACK

SIDE-2

パーツ単位でシンメトリーに粗刈りし、後からそろえる

どのスタイルを作る場合でも共通していますが、カットをする時は最初からきれいにそろえようとするのではなく、まずはパーツごとに粗刈りをしておおまかな形を作ります。いきなりきれいなまん丸を作る必要もありません。

最初は、「顔・頭」、「マズル」、「耳」の3つをシンメトリーに作ることだけに注意して、おおまかな形ができてから細かい部分をそろえていくようにすると、スタイリングが安定するだけでなく、カット時間も短縮できるようになります。

[カットの流れ]

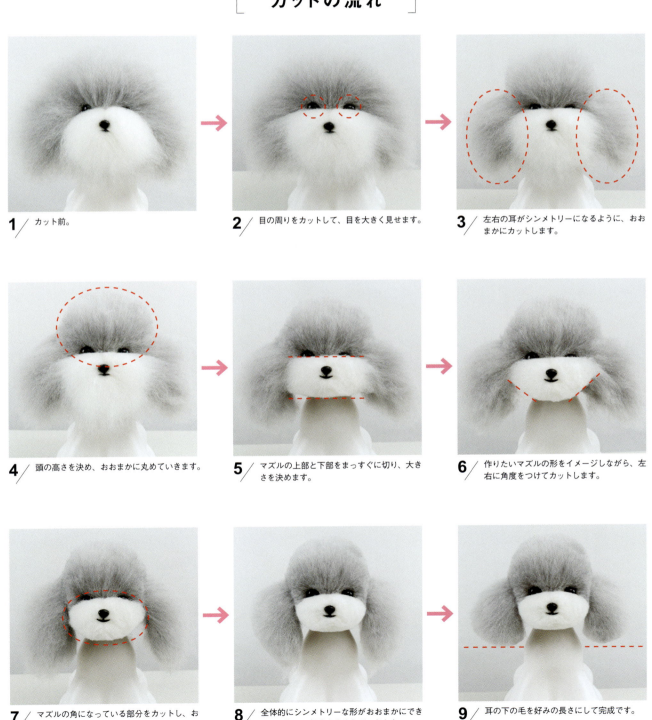

1／カット前。

2／目の周りをカットして、目を大きく見せます。

3／左右の耳がシンメトリーになるように、おおまかにカットします。

4／頭の高さを決め、おおまかに丸めていきます。

5／マズルの上部と下部をまっすぐに切り、大きさを決めます。

6／作りたいマズルの形をイメージしながら、左右に角度をつけてカットします。

7／マズルの角になっている部分をカットし、おおまかに丸めていきます。

8／全体的にシンメトリーな形がおおまかにできたら、細かい部分をそろえていきます。

9／耳の下の毛を好みの長さにして完成です。

② カットの手順

1 ストップ・目の周りのカット

ストップは、顔の中心でスタイリングの基準になる部分なので、とても重要です。ストップを水平にしっかりカットすることで、顔とマズルをはっきり分けることができ、より立体感のある仕上がりになります。

目の周りは、頭の毛を切らないように注意しながら、目頭の下と目の際だけを切ります。それ以外の毛を切ってしまうと、最終的に頭の形がつぶれてしまったり、顔のバランスが崩れてしまうので、注意が必要です。

[カットの手順]

1. 左目の目頭から、右目の目頭に向かって水平にシザーを入れます。

2. 一回で切るとラインが斜めになりがちです。少しずつシザーを引きながら切ると、まっすぐなラインになります。

3. 全体の中心になるので、斜めにカットしてハの字にならないよう、一直線に切ります。

4. コームで目頭の下の毛を少し出します。

5. 先に切ったストップの直線のラインを変えないように、目頭の下の毛だけを三角形に切ります。

6. この部分をカットして凹みを作ると、涙が多いコは下に流れていくようになります。

7 目頭の下の毛の処理が終わったら、コームで目にかかる毛だけを出します。

8 目頭から目尻に向かい、目の際に沿ってカットします。

9 逆方向からも目にかかる毛だけをカットします。

10 目尻よりも外側までカットしまうと、大きめのスタイルが作れなくなってしまうので、目の際に沿って目尻までをカットします。

11 反対の目の際も同じようにカットします。

12 頭の毛までカットしないよう、注意しながらカットします。

13 目の際だけをカットすると、目が大きく見えるようになり、全体的にメリハリが出るようになります。

NG

シザーを寝かせてカットすると、頭の毛も切ってしまうため、シザーは角度をつけて目の際の毛だけをカットします。頭の毛もカットしてしまうと、頭がつぶれて立体感のない仕上がりになってしまうので、注意するようにしましょう。

027

2 耳の位置を決める

　ストップと目の周りのカットが終わったら、頭と耳の毛を分けて、耳を作る位置を決めます。

　左右の耳付きが違うコもいるので、最初に本来の耳の付け根がどこにあるか確認します。

　作る位置を耳の付け根に合わせる場合は、付け根のギリギリで分けるのではなく、1cmくらい外側からシザーを入れます。

　耳の付け根の毛は、耳全体の毛とは毛質が違うため、付け根のギリギリから作ると、毛質が違う部分が目立ってしまい、きれいに見せることができません。

[カットの手順]

1 左右の耳の付け根がどこにあるか確認します。

2 耳の付け根より1cmくらい外側の位置を確認します。

3 位置を確認したらシザーを入れていきます。

4 後頭部に向かってまっすぐカットします。

5 頭の毛と耳の毛を分けるガイドラインを作るイメージでカットします。

6 この段階では、耳を作る位置を決めるだけなので、まっすぐにシザーを入れます。

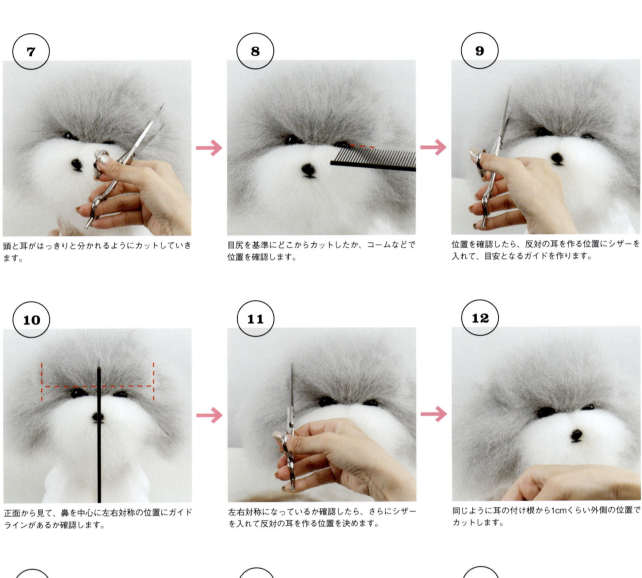

7 頭と耳がはっきりと分かれるようにカットしていきます。

8 目尻を基準にどこからカットしたか、コームなどで位置を確認します。

9 位置を確認したら、反対の耳を作る位置にシザーを入れて、目安となるガイドを作ります。

10 正面から見て、鼻を中心に左右対称の位置にガイドラインがあるか確認します。

11 左右対称になっているか確認したら、さらにシザーを入れて反対の耳を作る位置を決めます。

12 同じように耳の付け根から1cmくらい外側の位置でカットします。

13 後頭部に向かってまっすぐカットします。

14 さらにシザーを入れて、両耳が頭とはっきりと分かれるようにカットしていきます。

15 左右対称になっているか確認をして、耳の位置を決めるのは終了です。

3 頭の粗切り

耳の位置を決めたら、次に頭の形をおおまかに作ります。まず全体のバランスを見ながら高さを決め、後頭部をおおまかに丸めて、頭の大きさを決めます。

その後、頭の左右の毛をカットして、おおまかに丸くしていきます。

頭を丸くカットする時は、鼻を中心に毛が左右対称になるようにコームで分け、出てくる毛をカットすると、シンメトリーにしやすくなります。

[カットの手順]

1 コーミングをして頭の毛を立たせます。

2 全体のバランスを見ながら、作りたい頭の高さの位置を決め、まっすぐシザーを入れます。

3 頂点となる位置は変えないようにしながら、頭の左右に斜めにシザーを入れて、少し丸くします。

4 頭の頂点から、後頭部に向かってシザーを入れます。

5 後頭部が丸くなるように、カットします。

6 頭のサイドを後頭部に向かってカットします。

7 後頭部の終点となる位置を決めて丸くカットします。

8 作りたい大きさをイメージしながら、同じ作業を繰り返して、おおまかな形を作っていきます。

9 粗切りの時は、コームを入れずに一気にカットして、おおまかな形を作っていきます。

10 頭の高さを決め、後頭部が丸くなってきたら、頭のサイドを丸めていきます。

11 この段階では、頭をシンメトリーにすることだけに気を付けて、おおまかに丸くしていきます。

12 途中で鼻を中心にコームを入れ、頭の毛を左右対称に分けて、バランスを確認します。

13 毛を分けた後に出てきた毛をカットします。

14 頭をシンメトリーにすることだけを意識しながら、丸くしていきます。

15 コームを入れて毛を起こし、シンメトリーの丸になっているか確認して粗切りは終了です。

CHAPTER 04 テディベア系のカット ロジカル解説

4 マズルの粗切り

マズルは、最初に上部をまっすぐにカットして基準を作り、上部のまっすぐなラインをガイドにして徐々に作ります。

最初からマズル全体を丸くしようとすると、頭とマズルのバランスが悪くなりがちなので、まっすぐにカットしたマズル上部をガイドに作った方が失敗しません。

マズルの上部を決めたら、下部をまっすぐにカットして、顔全体のバランスを決めます。その後、マズルの左右をカットして幅を決め、全体的な大きさが決まった後に、角をとって丸くしていきます。

[カットの手順]

1. 毛流に沿ってコームを入れた後、マズル上部をまっすぐにカットします。
2. シザーを水平にして、まっすぐカットします。
3. マズル上部をまっすぐにカットすると、全体のガイドラインになるため、作りやすくなります。
4. 次にマズル全体にコームを入れます。
5. 毛流に沿って、全方向にコームを入れます。
6. マズルを上から見ながら、コーミング後に鼻から前に出てきた毛をカットします。

033

CHAPTER | 04 | テディベア系のカット ロジカル解説

16 この段階から丸く作るのではなく、まず横幅を決めることを意識して直線的にカットします。

17 シンメトリーにすることを意識しながら、反対側も同じように30度の角度を目安にして、マズルの手前から奥までカットしていきます。

NG 粗切りの段階では、直線的にカットしておおまかな形を作るので、シザーを寝かすようにカットするのはNGです。

18 角度が決まったら、マズルの横の毛を、最初に作った上部のガイドラインにつなげるように、90度にカットします。

19 反対側も同じように、マズルの横の毛を90度にカットします。

20 マズル全体の大きさが決まるので、ここから角をとって丸めていきます。

21 角をとる時は、ストレートシザーだと切り過ぎてしまうことがあるので、スキばさみで丁寧に丸めていきます。

22 アウトラインはすでにシンメトリーに作っているので、角を丸めるだけで左右対称の丸になります。

23 何度かコームを入れながら、出てきた毛をカットして丸めていきます。後でチッピングをするので、この段階ではシンメトリーのおおまかな丸になっていれば大丈夫です。

5 顔・頭、後頭部の調整

マズルの大きさが決まったら、全体的な大きさやバランスの調整をします。

ここまで、どのパーツもシンメトリーになることを意識して粗切りしているので、全体的な調整をするだけでOKです。

まず、マズルの横幅のラインから頭につながるようにシザーを入れ、さらに全体のバランスを見て顔・頭の大きさを調整します。

後頭部は、うしろから見て耳の下の毛とラインがつながるようにカットします。

[カットの手順]

1. マズルの幅を基準に、顔・頭の大きさを調整します。
2. マズルからのラインが頭につながるイメージでシザーを入れて、頭の幅を調整します。
3. 反対側も同じイメージでシザーを入れて、シンメトリーを崩さないように気を付けながら、頭の幅を調整します。
4. 頭の幅を調整したら、高さを調整します。
5. 半円を描くイメージで、全体のバランスを見ながら高さを調整します。
6. シンメトリーを崩さないように気を付けながら、丸くカットしていきます。

CHAPTER | 04 | テディベア系のカット ロジカル解説

7　頭の大きさの調整ができたら、耳の前や下の毛をカットします。両耳を持ち上げて、左右対称になっていない部分がないか確認しながらカットします。

8　耳の下の毛は、そのまま後頭部へとつなげるイメージでカットし、左右対称になるように作ります。

9　耳を切らないように注意しながらカットします。

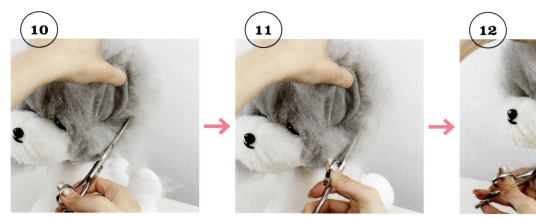

10　そのまま後頭部に向かってシザーを入れます。

11　先に粗切りした後頭部の丸みにつなげるようにカットします。

12　耳の下の毛をしっかり切っておくと、全体的に立体感が出るようになります。

13　後頭部に向かってシザーを動かします。

14　何度か耳を下ろしたり持ち上げたりしながら、自然に出てくる毛は全てカットします。

15　後頭部の丸みと自然につながるようにカットします。

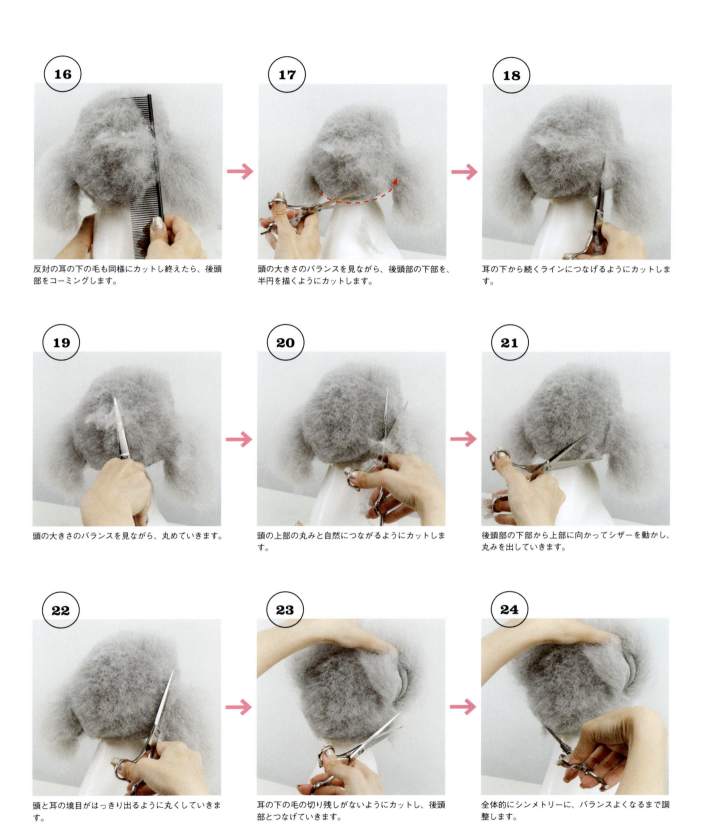

6 仕上げ

　全体的にシンメトリーな形ができたら、最後の仕上げに入ります。まずはコーミングをしながらスキばさみでそろえていき、コーミングをしても毛が出てこない状態になったら、ストレートシザーを使ってチッピングをして最終の仕上げをします。

　いきなりストレートシザーでチッピングするよりも、先にスキばさみで整えた方が、切り過ぎることがなく、失敗しにくくなります。

[カットの手順]

コーミングをして出てきた毛をスキばさみでカットします。

この段階では全体的な形はできているので、形を崩さないように注意しながら、コーミングをして出てきた毛だけを切ります。

スキばさみでカットした跡が残らないように、整えていきます。

コーミングをしても出てくる毛がなくなったら、最後にストレートシザーでチッピングをします。

ストレートシザーでチッピングをすると毛の断面がそろうため、よりきれいな仕上がりになります。

耳を長くナチュラルにする場合は、耳全体の毛を少し整えるくらいカットして完成です。

7 耳の下の毛を短くする場合

耳の下の毛を短くする場合は、本来の耳の長さよりも1cmくらい大きめに切ってから整えた方が失敗が少なくなります。

最初にストレートシザーでおおよその形を作り、スキばさみで丸みを帯びるように整えてから、最後にまたストレートシザーを使ってチッピングをします。

犬が動いた時に耳を切ってしまわないように、常に耳をさわりながらカットするようにしましょう。

［ カットの手順 ］

1. 本来の耳の長さを確認し、好みの長さまでカットします。

2. 「耳のギリギリまで短くしてほしい」というオーダーでも、本来の耳の長さよりも1cmくらい大きめに切ってから整えた方が失敗は少なくなります。

3. 丸みを帯びた形をイメージしながらカットしていきます。

4. おおよその形ができたら、コーミングをして出てきた毛をスキばさみでカットし、整えていきます。

5. コーミングをしても出てくる毛がなくなったら、最後にストレートシザーでチッピングをします。

6. 左右の耳の下の毛が、同じ長さになるように調整したら完成です。

CHAPTER 05 | アフロ系のカット ロジカル解説

① スタイリングのポイント

「顔・頭」と「耳」はつなげ、細部にメリハリをつけて立体感を出す

アフロ系とは、「顔・頭」と「耳」をつなげて一体化したスタイルのことをいい、テディベア系とは作り方が違う部分があります。

「顔・頭」と「耳」をつなげる分、残ったポイントの「マズル」をはっきり分け、目の周りなどをしっかり切ってメリハリを出すことで、より立体感のあるイメージのアフロにすることができます。

立体的でボリュームのあるアフロを作るには、トップのラウンドが重要になるので、切り過ぎて平らにしないように注意しましょう。

[仕上がり]

アフロは全体的に重たいイメージになりがちですが、目の周りをしっかりカットすることでメリハリがつきます。

FRONT

TOP-1

TOP-2

SIDE-1

BACK

SIDE-2

トップはラムクリップのスウェルを作るイメージで

　アフロを作る時も、最初からきれいにそろえようとするのではなく、パーツごとに粗切りをして、まずはおおまかにシンメトリーな形を作ります。

　テディベアと違い、「顔・頭」と「耳」が一体化していますが、トップはラムクリップのスウェルを作るようなイメージで、丸みを後頭部につなげるように作ると、ボリュームのあるアフロを作ることができます。

　トップと後頭部を丸く作ったら、後は耳の下の毛を好みの長さにして、全体的に丸みを帯びた形に仕上げていきます。

[カットの流れ]

1／カット前。

2／目の周りをカットして、目がはっきり見えるようにすることでメリハリを出します。

3／マズルは、顔とはっきりと分かれて見えるよう、マズルの奥の毛までしっかりカットします。

4／トップは、ラムクリップのスウェルを作るイメージで作ります。

5／後頭部はトップのスウェルから自然につながるイメージで丸く作ります。

6／全体的におおまかな形ができたら、細かい部分をそろえていきます。

7／耳の下の毛を、好みの長さに調整します。

8／一般的なアフロの場合は、耳の下の毛をさらに短くカットして完成です。

ノーマルアフロとフェイクアフロとの違い

一般的なアフロスタイルは、「顔・頭」と「耳」をつなげて一体化したスタイルですが、「頭」と「耳」だけをつなげて「顔」の輪郭は分けるフェイクアフロというスタイルもあります。

フェイクアフロは、顔の輪郭があり「顔」と「耳」は分かれているため、テディベア系のスタイルから「頭」と「耳」をつなげるイメージで作ります。

飼い主さんは、どちらもアフロとしてイメージしていることが多いため、カウンセリングの時に確認しておくとよいでしょう。

[ノーマルアフロとフェイクアフロの違い]

テディベア
「顔・頭」、「耳」、「マズル」の3つをはっきりと分ける。

フェイクアフロ
テディベアの「頭」と「耳」をつなげ、「顔」と「耳」を分ける。

ノーマルアフロ
「顔・頭」と「耳」をつなげ、「マズル」のみをはっきりと分ける。

② カットの手順

1 ストップ・目の周りのカット

どのスタイルを作る時もストップのカットは、顔の中心でスタイリングの基準になるので、とても重要です。ストップを水平にしっかり切ることで、顔とマズルをはっきり分けることができ、より立体感のある仕上がりになります。

目の周りは、テディベア系を作る時と同様に重要で、目頭から目尻まで、目の際だけをしっかりカットすることで、全体的なメリハリがつきます。

目の周りをしっかりカットしておくと、アフロを支える土台になるので、切り残しのないようにしましょう。

[カットの手順]

1 テディベアと同様に、ストレートシザーで左目の目頭から右目の目頭に向かってまっすぐにカットします。

2 目に沿って目の際の毛だけをカットしていきます。

3 トップの毛までカットしないよう注意しながら、目の際の毛だけをカットします。

4 目尻から目頭に向かって、目に沿うようにカットし、目がはっきり見えるようにします。

5 毛流とは逆の方向からシザーを入れると、毛が流れることなくしっかりカットすることができます。

6 目の周りを短くしておくとアフロを支える土台となるので、しっかりとカットします。

7 両目とも目尻から目頭に向かって、目に沿うようにカットし、目がはっきり見えるようにします。

8 目がはっきり見えると、全体的なメリハリのある仕上がりにすることができます。

NG シザーを寝かせておでこの毛をカットしてしまうと、トップが平たくなってしまうので注意します。

2 マズルの粗切り

アフロは、「顔・頭」と「マズル」をはっきり分けることで、立体感を出すことができます。そのため、マズルは奥までしっかりカットして、顔とはっきり分けるように作ります。

また、「顔・頭」と「マズル」の境目になる、目尻からあご下に向かうラインをしっかりとることもとても重要です。ここをしっかりカットしておくと、時間が経っても形がキープできるようになります。

[カットの手順]

1. 最初にマズルの下部をまっすぐカットし、作りたい大きさを決めます。

2. テディベアと同様に、最初から丸くするのではなく、まっすぐ直線的にカットして、おおまかな大きさを決めます。

3. 耳の毛までカットしないよう、耳の毛をおさえながら、あご下までカットします。

4. あご下は汚れやすいので、ギリギリまで短くカットします。

5. バランスを見ながらマズルの上部をまっすぐにカットし、大きさを決めます。

6. 次にマズルのサイドをまっすぐにカットし、横幅を決めます。

7 マズルのおおまかな大きさが決まったら、目尻からあご下にかけたラインの毛をカットします。

8 あご下のラインに向かって、マズルの奥の毛をカットします。

9 この部分をしっかり短くカットすることで、顔とマズルがはっきり分かれて見えるようになります。

10 次にマズルの角をカットして丸くしていきます。

11 小さくし過ぎないように気を付けながら、角だけをカットして丸くしていきます。

12 この段階ではだいたい丸みを帯びた形になっていればOKです。

13 おおよそ丸くできたら、マズルの奥の毛をさらにカットして、切り残しがないようにします。

14 あご下のラインからも切り残しがないようにカットします。

NG 耳の毛まで切ってしまうと、ボリュームのあるアフロが作れなくなってしまうので要注意です。

CHAPTER | 05 | アフロ系のカット ロジカル解説

15 耳の毛を切らないように注意しながら、目尻からあご下にかけたラインをとるように、マズルの奥の毛をカットします。

16 向かって右側のカットが終わったら、反対もシンメトリーになるようにカットします。

17 耳の毛までカットしないよう、耳の毛をおさえながら、あご下をカットします。

18 バランスを見ながらマズルのサイドをカットして、横幅を決めます。

19 マズルのおおまかな大きさが決まったら、目尻からあご下にかけたラインの毛を、切り残しがないようにカットします。

20 目尻からあご下にかけて、切り残しがないように短くカットしていきます。

21 顔とマズルがはっきり分かれて見えるよう、マズルの奥までしっかりと短くカットします。

22 マズル全体の角をカットして、丸く整えていきます。角をとる時は、スキばさみでカットすると、失敗しにくくなります。

23 目尻からあご下、マズルの奥までしっかりカットし、顔とはっきり分けられたら、マズルの粗切りは終了です。

3 トップの粗切り

アフロを作る上でトップのカットはもっとも重要です。ボリュームのある立体的なアフロにするためには、ラムクリップのスウェル（ふくらみ）を作るイメージでカットします。

おでこの部分をカットし過ぎて平たくしてしまうと、時間が経った時に頭の上の方の毛だけが伸びて長くなってしまい、スタイルをキープすることができません。

また、コーミングで毛をしっかり立たせることも重要で、特に軟毛のコの場合は、毛の根元からゆっくりコームを入れて、しっかり毛が立った所でカットします。

[カットの手順]

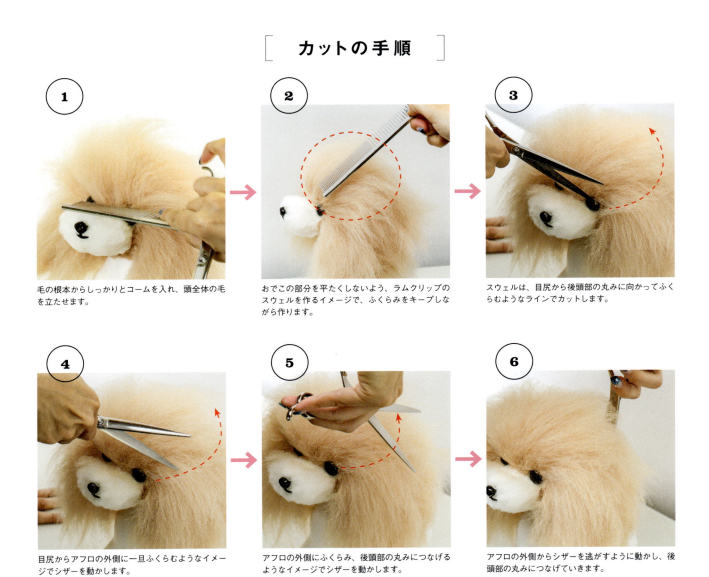

1. 毛の根本からしっかりとコームを入れ、頭全体の毛を立たせます。
2. おでこの部分を平たくしないよう、ラムクリップのスウェルを作るイメージで、ふくらみをキープしながら作ります。
3. スウェルは、目尻から後頭部の丸みに向かってふくらむようなラインでカットします。
4. 目尻からアフロの外側に一旦ふくらむようなイメージでシザーを動かします。
5. アフロの外側にふくらみ、後頭部の丸みにつなげるようなイメージでシザーを動かします。
6. アフロの外側からシザーを逃がすように動かし、後頭部の丸みにつなげていきます。

| CHAPTER | 05 | アフロ系のカット ロジカル解説

7 反対側も同じく、目尻から後頭部の丸みに向かってふくらむようなラインでカットします。

8 おでこを切り過ぎて平たくしないように注意しながら、目尻からアフロの外側に一旦ふくらむようなイメージでシザーを動かします。

9 アフロの外側にふくらみ、後頭部の丸みにつなげるようなイメージでシザーを動かします。

10 同じ動作を繰り返して、スウェルを作っていきます。

11 目尻からアフロの外側に一旦ふくらむようなイメージでシザーを動かします。

12 アフロの外側にふくらみ、後頭部の丸みにつなげるようなイメージでシザーを動かします。

13 目尻からのラウンドが、上から見た時に立体感的に張り出して見えるように、スウェルを作っていきます。

14 切り過ぎないように注意しながら、後頭部に向かってカットします。

15 後頭部の丸みへつなげるようにシザーを動かします。

トップのスウェルがおおよそできてきたら、より立体感を出すために、目尻の近くの毛をカットします。

手で耳を上げて、目にかぶる毛をスキばさみでカットします。

横から見た時に、目が見えるようになるまで、少しえぐるようなイメージでカットします。

慣れてきたら、スキばさみではなく、ストレートシザーでカットしてもOKです。

手で耳を上げた時に、口に入る毛もカットします。

横から見た時に、少しえぐるイメージでカットしておくと、目や口に毛が入らないだけでなく、より立体的なアフロにすることができます。

コームは毛の根本から入れ、頭全体の毛を立たせる

しっかり立っている毛とそうでない毛が混ざった状態でカットすると、頭がでこぼこなアフロになってしまいます。コームは頭全体に、毛の根本からゆっくりと入れて、1本1本の毛をしっかり立たせるようにしましょう。

軟毛のコの場合

　軟毛のコの場合、長持ちしないことを必ず説明し、難しい場合は別のスタイルを提案します。

　それでもアフロにしたいという場合は、おでこの毛をコームで少しだけ出し、出した毛のみを切って土台を作ります。

　おでこの毛をセパレートしてカットし、その上の毛をかぶせていくことで、短くカットした毛が土台になってアフロを支えることができます。

[カットの手順]

1. 目の上のおでこの毛を、コームで少しだけ出します。
2. コームで出した毛を短くカットします。
3. 最初にカットした毛の、さらに上の毛を少しだけコームで出します。
4. コームで出した毛をカットします。
5. 切り過ぎに注意しながら、コームで出した毛だけをカットします。
6. 他の頭の毛までカットして、平らにしないように注意しながらカットします。
7. さらに上の毛を少しだけコームで出します。
8. 同じように、コームで出した毛だけをカットします。
9. 同じ作業を繰り返し、毛が立ってアフロを支えられるようになったら、ゆっくりコームで毛を立たせて、通常と同じようにスウェルを作っていきます。

4 後頭部の粗切り

アフロを作る場合、後頭部を均一の丸にするイメージでカットしてしまうと、丸みの一番大きくふくらんだ部分の毛が長くなり、時間が経つとそこから割れてしまいます。

そのため、アフロの後頭部を作る時は、下からシザーを入れて切り上げ、下の毛が上の毛を支えるイメージで丸みを作っていくと、スタイルが長持ちするようになります。

[カットの手順]

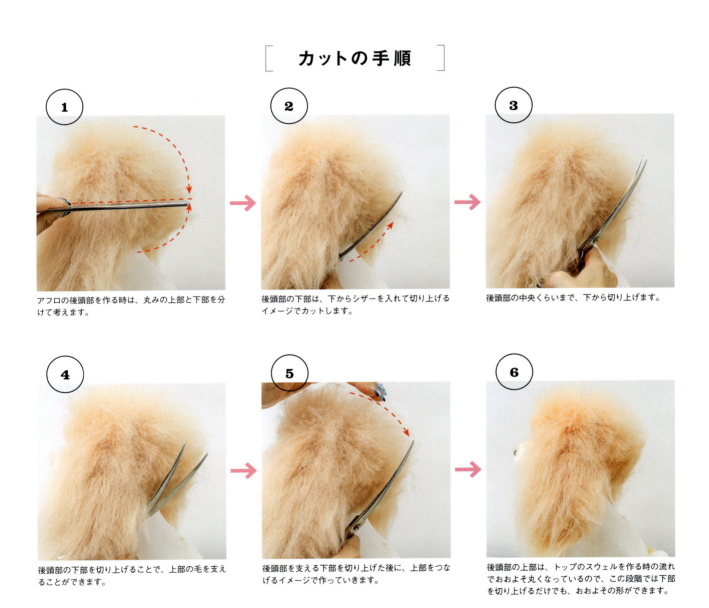

1. アフロの後頭部を作る時は、丸みの上部と下部を分けて考えます。

2. 後頭部の下部は、下からシザーを入れて切り上げるイメージでカットします。

3. 後頭部の中央くらいまで、下から切り上げます。

4. 後頭部の下部を切り上げることで、上部の毛を支えることができます。

5. 後頭部を支える下部を切り上げた後に、上部をつなげるイメージで作っていきます。

6. 後頭部の上部は、トップのスウェルを作る時の流れでおおよそ丸くなっているので、この段階では下部を切り上げるだけでも、おおよその形ができます。

CHAPTER | 05 | アフロ系のカット ロジカル解説

5 仕上げ

　全体的にシンメトリーな形がおおよそできたら、顔・頭と耳の毛が自然につながるように仕上げていきます。
　耳は途中で持ち上げて軽く振り、左右が同じ毛量になっているか確認しながらカットします。

　あまり犬に近づき過ぎず、全体が見える位置に距離をとりながら、1つのポイントだけ集中して切るのではなく全体的にカットして、徐々に仕上げていくようにしましょう。

[カットの手順]

1. 耳を持ち上げて軽く振り、毛を自然な長さに戻し、左右が同じ毛量になっているか確認します。

2. トップの毛を丸く整えていきます。

3. 全体が見える位置から、シンメトリーな丸になるように整えます。

4. 頭の毛と耳の毛は毛質が違い、つなぎ目が段差になってしまいがちなので、スキばさみを使ってぼかすようにカットします。

5. 静電気が出た場合は、毛がよれてしまうのでブラッシングスプレーを使いながらカットします。

6. 耳の下の毛が丸みを帯びた形になるよう、整えていきます。

7. マズルも整えて、全体的にシンメトリーな形になったら完成です。

8. 横から見た時に、おでこや後頭部が平たくならないように、丸みを帯びてふくらんだ形にします。

9. 真上から見た時に、おでこがしっかりラウンドするようにします。

6 耳の下の毛を短くする場合

耳の下の毛を短くする場合は、丸みを出したいので最初から耳のギリギリでカットしないように注意します。

カットする時は、先に左右の耳の下の毛を直線的にカットし、長さを決めてしまいます。左右同じ位置に長さを決めてしまえば、あとは角をとって丸めていくだけなので、シンメトリーに作りやすくなります。

あご下よりも高い位置にさらに短くする場合は、先に左右を同じ角度で直線的に切り上げ、頭の丸みとつなげていくイメージでカットすると、シンメトリーな丸に作りやすくなります。

[カットの手順]

1 本来の耳を切らないように気を付けながら、ストレートシザーでまっすぐカットし、長さを決めます。最初から耳のギリギリでカットしないのがポイントです。

2 左右の耳の長さを先に決めると、シンメトリーに作りやすくなります。

3 スキばさみで角をカットして丸くしていきます。

4 頭から自然に丸くつながるように、スキばさみでカットしていきます。

5 耳の下も自然な丸みになるように、角をカットしていきます。

6 最後にストレートシザーでチッピングをして整えていきます。

7 全体的にシンメトリーな形になったら完成です。

8 耳の下の毛は、自然な丸みが後頭部につながるようなイメージで作ります。

9 うしろから見ても、シンメトリーになるように作ります。

CHAPTER | 05 | アフロ系のカット ロジカル解説

10 耳の下の毛をあご下よりも高く、さらに短くする場合は、先に左右を同じ角度で直線的に切り上げます。

11 左右を同じ角度で切り上げ、角をカットして丸くしていきます。

12 頭と耳が自然になじむように、角をカットして整えていきます。

13 後頭部とも自然になじむように、角をカットして整えていきます。

14 耳はよく動くので、しっかり頭の毛となじむようにスキばさみでカットします。

15 最後にストレートシザーでチッピングをして仕上げます。

16 全体的にシンメトリーな形になったら完成です。

17 耳とトップと後頭部が一体化した丸になるイメージで作ります。

18 うしろから見ても、シンメトリーな丸になるように作ります。

054

< Style Variation >
スタイルバリエーション編

○ ○ ●

CHAPTER 06
顔のスタイルバリエーション176 ················ 055

① テディベア系のバリエーション
Style_01　顔がまん丸のテディベア ········· 056
Style_02　顔がだ円のテディベア ········· 062
Style_03　小顔のテディベア ········· 069
Style_04　モヒカンスタイル ········· 080
Style_05　フェイクアフロ ········· 085

② アフロ系のバリエーション
Style_06　ノーマルアフロ ········· 090
Style_07　アシンメトリー ········· 096

③ その他のバリエーション
Style_08　トップノット ········· 106
Style_09　ピーナッツ ········· 116
Style_10　フリースタイル ········· 119

Style_01
顔がまん丸のテディベア

顔・頭を大きめのまん丸にするスタイルです。
マズルは、顔・頭の外周に合わせて、大きめに作るのが基本になります。
耳の高さは、ノーマルなタイプは本来の耳の位置に合わせますが、位置を高くしたり、頭の上でつなげたりします。
耳の形は、ナチュラル型、丸型、まっすぐ型の中から選び、好みの長さで調整します。
耳なりにカットしてもかわいくなります。

Face & Head
顔・頭は、大きめのまん丸に作ります。

Muzzle
マズルは、顔・頭の外周に合わせます。

Top
頭は、顔の大きさに合わせて、丸く作ります。

Ear

◆ 耳の高さのバリエーション

つなげる、かなり高い、高い、普通などから選びます。

| つなげる | かなり高い | 高い | 普通 |

◆ 耳の長さのバリエーション

長い、普通、短いなどから選びます。

長い　　普通　　短い

◆ 耳の形のバリエーション

ナチュラル型、丸型、まっすぐ型、耳なりなどから選びます。

ナチュラル型　　丸型　　まっすぐ型　　耳なり

Style_01　顔がまん丸

Variation #4

顔・頭…まん丸	耳の高さ…普通
マズル…大きめのだ円	耳の長さ…長い
	耳の形……まっすぐ型

Variation #5

顔・頭…まん丸	耳の高さ…普通
マズル…大きめのだ円	耳の長さ…普通
	耳の形……まっすぐ型

Variation #6

顔・頭…まん丸	耳の高さ…普通
マズル…大きめのだ円	耳の長さ…短い
	耳の形……耳なり

059

CHAPTER | 06 | 顔のスタイルバリエーション176　①テディベア系のバリエーション

Style_01／顔がまん丸のテディベア

Variation #7

顔・頭…まん丸　　耳の高さ…つなげる
マズル…大きめのだ円　耳の長さ…長い
　　　　　　　　　耳の形……ナチュラル型

Variation #8

顔・頭…まん丸　　耳の高さ…かなり高い
マズル…大きめのだ円　耳の長さ…長い
　　　　　　　　　耳の形……ナチュラル型

Variation #9

顔・頭…まん丸　　耳の高さ…高い
マズル…大きめのだ円　耳の長さ…長い
　　　　　　　　　耳の形……ナチュラル型

Style_01　顔がまん丸

Variation #10

顔・頭…まん丸	耳の高さ…かなり高い
マズル…大きめのだ円	耳の長さ…長い
	耳の形……丸型

Variation #11

顔・頭…まん丸	耳の高さ…かなり高い
マズル…大きめのだ円	耳の長さ…普通
	耳の形……丸型

Variation #12

顔・頭…まん丸	耳の高さ…高い
マズル…大きめのだ円	耳の長さ…短い
	耳の形……丸型

顔がまる丸
顔がだ円
小顔
モヒカン
フェイクアフロ
ノーマルアフロ
アシンメトリー
トップノット
ピーナッツ
フリースタイル

061

Style_02
顔がだ円のテディベア

顔・頭をたて長のだ円にするスタイルです。
マズルは、顔・頭の外周に合わせて作るのが基本になります。
耳の高さは、ノーマルなタイプは本来の耳の位置に合わせますが、位置を高くしたり、頭の上でつなげてもかわいくなります。
耳の形は、ナチュラル型、丸型、まっすぐ型などから選び、好みの長さで調整します。
耳なり、コッカー風、ベドリントン風などにしてもかわいくなります。

Face & Head

顔・頭は、たて長のだ円に作ります。

Muzzle

マズルは、顔・頭の外周に合わせます。

Top

頭は、顔の大きさに合わせて、丸く作ります。

Ear

◆ 耳の高さのバリエーション

つなげる、かなり高い、高い、普通などから選びます。

| つなげる | かなり高い | 高い | 普通 |

◆ 耳の長さのバリエーション

長い、普通、短いなどから選びます。

長い　　　普通　　　短い

◆ 耳の形のバリエーション

ナチュラル型、丸型、まっすぐ型、耳なり、コッカー風、ベドリントン風などから選びます。

ナチュラル型　　　丸型　　　まっすぐ型

耳なり　　　コッカー風　　　ベドリントン風

CHAPTER | 06 | 顔のスタイルバリエーション176　①テディベア系のバリエーション

Style_02 ／ 顔がだ円のテディベア

Variation #1

顔・頭…だ円　　　耳の高さ…普通
マズル…大きめのだ円　耳の長さ…長い
　　　　　　　　　耳の形……ナチュラル型

Variation #2

顔・頭…だ円　　　耳の高さ…普通
マズル…大きめのだ円　耳の長さ…普通
　　　　　　　　　耳の形……丸型

Variation #3

顔・頭…だ円　　　耳の高さ…普通
マズル…大きめのだ円　耳の長さ…短い
　　　　　　　　　耳の形……丸型

Style_02　顔がだ円

Variation #4

顔・頭…だ円	耳の高さ…つなげる
マズル…大きめのだ円	耳の長さ…長い
	耳の形……ナチュラル型

Variation #5

顔・頭…だ円	耳の高さ…つなげる
マズル…大きめのだ円	耳の長さ…普通
	耳の形……丸型

Variation #6

顔・頭…だ円	耳の高さ…かなり高い
マズル…大きめのだ円	耳の長さ…長い
	耳の形……ナチュラル型

Variation #7

顔・頭…だ円	耳の高さ…かなり高い
マズル…大きめのだ円	耳の長さ…普通
	耳の形……丸型

CHAPTER | 06 | 顔のスタイルバリエーション176　① テディベア系のバリエーション

Style_02 ／ 顔がだ円のテディベア

Variation #8

顔・頭……だ円
マズル……大きめのだ円
耳の高さ…高い
耳の長さ…長い
耳の形……ナチュラル型

Variation #9

顔・頭……だ円
マズル……大きめのだ円
耳の高さ…高い
耳の長さ…短い
耳の形……丸型

066

Style_02　顔がだ円

Variation #10

顔・頭……だ円
マズル……大きめのだ円
耳の高さ…普通
耳の長さ…長い
耳の形……まっすぐ型

BACK

SIDE

TOP / TOP / SIDE

Variation #11

顔・頭……だ円
マズル……大きめのだ円
耳の高さ…普通
耳の長さ…普通
耳の形……まっすぐ型

BACK

SIDE

TOP / TOP / SIDE

顔がまる丸 / 顔がだ円 / 小顔 / モヒカン / フェイクアフロ / ノーマルアフロ / アシンメトリー / トップノット / ピーナッツ / フリースタイル

Style_02 ／ 顔がだ円のテディベア

Style_03
小顔のテディベア

顔・頭を目尻のギリギリでカットして、顔を小さく作るスタイルです。
マズルは、大きめのだ円、小さめのだ円、逆三角形など、どの形を組み合わせてもかわいくなります。
耳の高さは、本来の耳の位置に合わせますが、位置を高くしたり、頭の上でつなげてもかわいくなります。
耳の形は、ナチュラル型、丸型が似合い、好みの長さで調整します。
耳なり、コッカー風、ベドリントン風などにしてもかわいくなります。

Face & Head

目尻のギリギリでカットして小顔に作ります。

Top

頭は、顔の大きさに合わせて、小ぶりに作ります。

Muzzle

マズルは、大きめのだ円、小さめのだ円、逆三角形など、どの形を組み合わせてもかわいくなります。

大きめのだ円

小さめのだ円

逆三角形

CHAPTER | 06 | 顔のスタイルバリエーション176　①テディベア系のバリエーション

Style_03 ／ 小顔のテディベア

Ear

◆ 耳の高さのバリエーション

つなげる、高い、普通などから選びます。

| つなげる | 高い | 普通 |

◆ 耳の長さのバリエーション

長い、普通、短いなどから選びます。

| 長い | 普通 | 短い |

◆ 耳の形のバリエーション

ナチュラル型、丸型、耳なり、コッカー風、ベドリントン風などから選びます。

| ナチュラル型 | 丸型 | 耳なり |

| コッカー風 | ベドリントン風 |

Style_03 小顔

Variation #1

顔・頭…小顔	耳の高さ…普通
マズル…大きめのだ円	耳の長さ…長い
	耳の形……ナチュラル型

Variation #2

顔・頭…小顔	耳の高さ…普通
マズル…大きめのだ円	耳の長さ…普通
	耳の形……丸型

Variation #3

顔・頭…小顔	耳の高さ…普通
マズル…大きめのだ円	耳の長さ…短い
	耳の形……丸型

071

CHAPTER | 06 | 顔のスタイルバリエーション176　①テディベア系のバリエーション

Style_03 ／ 小顔のテディベア

Variation #4
顔・頭…小顔　　耳の高さ…普通
マズル…小さめのだ円　耳の長さ…長い
　　　　　　　　耳の形……ナチュラル型

Variation #5
顔・頭…小顔　　耳の高さ…普通
マズル…小さめのだ円　耳の長さ…普通
　　　　　　　　耳の形……丸型

Variation #6
顔・頭…小顔　　耳の高さ…普通
マズル…小さめのだ円　耳の長さ…短い
　　　　　　　　耳の形……丸型

Style_03 小顔

Variation #7

顔・頭…小顔　耳の高さ…普通
マズル…逆三角形　耳の長さ…長い
耳の形……ナチュラル型

Variation #8

顔・頭…小顔　耳の高さ…普通
マズル…逆三角形　耳の長さ…普通
耳の形……丸型

Variation #9

顔・頭…小顔　耳の高さ…普通
マズル…逆三角形　耳の長さ…短い
耳の形……丸型

CHAPTER | 06 | 顔のスタイルバリエーション176　①テディベア系のバリエーション

Style_03 ／ 小顔のテディベア

Variation #10

顔・頭…小顔　　　　耳の高さ…つなげる
マズル…大きめのだ円　耳の長さ…長い
　　　　　　　　　　　耳の形……ナチュラル型

Variation #11

顔・頭…小顔　　　　耳の高さ…高い
マズル…大きめのだ円　耳の長さ…長い
　　　　　　　　　　　耳の形……ナチュラル型

Variation #12

顔・頭…小顔　　　　耳の高さ…高い
マズル…大きめのだ円　耳の長さ…普通
　　　　　　　　　　　耳の形……丸型

074

Style_03 小顔

Variation #13

顔・頭…小顔 耳の高さ…つなげる
マズル…小さめのだ円 耳の長さ…長い
　　　　　　　　　　耳の形……ナチュラル型

Variation #14

顔・頭…小顔 耳の高さ…高い
マズル…小さめのだ円 耳の長さ…長い
　　　　　　　　　　耳の形……ナチュラル型

Variation #15

顔・頭…小顔 耳の高さ…高い
マズル…小さめのだ円 耳の長さ…普通
　　　　　　　　　　耳の形……丸型

CHAPTER | 06 | 顔のスタイルバリエーション176　① テディベア系のバリエーション

Style_03 ／ 小顔のテディベア

Variation #16

顔・頭…小顔　　耳の高さ…つなげる
マズル…逆三角形　耳の長さ…長い
　　　　　　　　耳の形……ナチュラル型

Variation #17

顔・頭…小顔　　耳の高さ…高い
マズル…逆三角形　耳の長さ…長い
　　　　　　　　耳の形……ナチュラル型

Variation #18

顔・頭…小顔　　耳の高さ…高い
マズル…逆三角形　耳の長さ…普通
　　　　　　　　耳の形……丸型

Style_03　小顔

Variation #19

顔・頭…小顔　　耳の高さ…普通
マズル…大きめのだ円　耳の長さ…長い
　　　　　　　　　耳の形……コッカー風

Variation #20

顔・頭…小顔　　耳の高さ…普通
マズル…大きめのだ円　耳の長さ…長い
　　　　　　　　　耳の形……ベドリントン風

Variation #21

顔・頭…小顔　　耳の高さ…普通
マズル…大きめのだ円　耳の長さ…普通
　　　　　　　　　耳の形……耳なり

077

CHAPTER | 06 | 顔のスタイルバリエーション176　①テディベア系のバリエーション

Style_03 ／ 小顔のテディベア

Variation #22

顔・頭…小顔	耳の高さ…普通
マズル…小さめのだ円	耳の長さ…長い
	耳の形……コッカー風

Variation #23

顔・頭…小顔	耳の高さ…普通
マズル…小さめのだ円	耳の長さ…長い
	耳の形……ベドリントン風

Variation #24

顔・頭…小顔	耳の高さ…普通
マズル…小さめのだ円	耳の長さ…普通
	耳の形……耳なり

078

Style_03　小顔

Variation #25

顔・頭…小顔	耳の高さ…普通
マズル…逆三角形	耳の長さ…長い
	耳の形……コッカー風

Variation #26

顔・頭…小顔	耳の高さ…普通
マズル…逆三角形	耳の長さ…長い
	耳の形……ベドリントン風

Variation #27

顔・頭…小顔	耳の高さ…普通
マズル…逆三角形	耳の長さ…普通
	耳の形……耳なり

079

CHAPTER | 06 | 顔のスタイルバリエーション176　①テディベア系のバリエーション

Style_04
モヒカンスタイル

全体的には「小顔のテディベア」をベースに作り、頭の先を尖らせるように作るスタイルです。
マズルは、大きめのだ円、小さめのだ円、逆三角形など、どの形を組み合わせてもかわいくなります。
耳の高さは、頭を尖らせるため高く作ることができません。本来の耳の位置に合わせて作るようにします。
耳の形は、ナチュラル型、丸型が似合い、好みの長さで調整します。
耳なりにカットしてもかわいくなります。

Face & Head

目尻のギリギリでカットして小顔に作り、
頭の先を尖らせます。

Top

頭の先に向かって尖らせるように作ります。

Muzzle

マズルは、大きめのだ円、小さめのだ円、逆三角形などから選びます。

大きめのだ円

小さめのだ円

逆三角形

Ear

◆ 耳の長さのバリエーション

長い、普通、短いなどから選びます。

| 長い | 普通 | 短い |

◆ 耳の形のバリエーション

ナチュラル型、丸型、耳なりなどから選びます。

| ナチュラル型 | 丸型 | 耳なり |

CHAPTER | 06 | 顔のスタイルバリエーション176　①テディベア系のバリエーション

Style_04 ／ モヒカンスタイル

Variation #1

顔・頭…小顔　　耳の高さ…普通
マズル…大きめのだ円　耳の長さ…長い
　　　　　　　　耳の形……ナチュラル型

Variation #2

顔・頭…小顔　　耳の高さ…普通
マズル…大きめのだ円　耳の長さ…普通
　　　　　　　　耳の形……丸型

Variation #3

顔・頭…小顔　　耳の高さ…普通
マズル…大きめのだ円　耳の長さ…短い
　　　　　　　　耳の形……丸型

Variation #4

顔・頭…小顔　　耳の高さ…普通
マズル…大きめのだ円　耳の長さ…普通
　　　　　　　　耳の形……耳なり

Style_04 モヒカン

Variation #5

顔・頭…小顔	耳の高さ…普通
マズル…小さめのだ円	耳の長さ…長い
	耳の形……ナチュラル型

Variation #6

顔・頭…小顔	耳の高さ…普通
マズル…小さめのだ円	耳の長さ…普通
	耳の形……丸型

Variation #7

顔・頭…小顔	耳の高さ…普通
マズル…小さめのだ円	耳の長さ…短い
	耳の形……丸型

Variation #8

顔・頭…小顔	耳の高さ…普通
マズル…小さめのだ円	耳の長さ…普通
	耳の形……耳なり

CHAPTER | 06 | 顔のスタイルバリエーション176　①テディベア系のバリエーション

Style_04 ／ モヒカンスタイル

Variation #9

顔・頭…小顔	耳の高さ…普通
マズル…逆三角形	耳の長さ…長い
	耳の形……ナチュラル型

Variation #10

顔・頭…小顔	耳の高さ…普通
マズル…逆三角形	耳の長さ…普通
	耳の形……丸型

Variation #11

顔・頭…小顔	耳の高さ…普通
マズル…逆三角形	耳の長さ…短い
	耳の形……丸型

Variation #12

顔・頭…小顔	耳の高さ…普通
マズル…逆三角形	耳の長さ…普通
	耳の形……耳なり

Style_05
フェイクアフロ

全体的には「小顔のテディベア」をベースに作り、頭と耳をつなげて作るスタイルです（ノーマルアフロとの違いはP42を参照）。
マズルは、大きめのだ円、小さめのだ円、逆三角形など、どの形を組み合わせてもかわいくなります。
頭を耳とつなげて作りますが、顔の輪郭ははっきり作って耳と分けます。
耳の形は、ナチュラル型、丸型が似合い、好みの長さで調整します。

Face & Head

目尻のギリギリまでカットして小顔に作り、頭と耳をつなげます。

Top

頭と耳をつなげて、丸くボリューミーに作ります。

Muzzle

マズルは、大きめのだ円、小さめのだ円、逆三角形などから選びます。

大きめのだ円

小さめのだ円

逆三角形

Style_05 ／ フェイクアフロ

Ear

◆ 耳の長さのバリエーション

長い、普通、短いなどから選びます。通常よりかなり短くしてもかわいくなります。

長い　　　　　　　　　　　　普通

短い　　　　　　　　　　　　かなり短い

◆ 耳の形のバリエーション

ナチュラル型、丸型などから選びます。

ナチュラル型　　　　　　　　　丸型

Style_05　フェイクアフロ

| Variation #1 | 顔・頭…小顔　耳の高さ…つなげる
マズル…大きめのだ円　耳の長さ…長い
　　　　　　　　　　　耳の形……ナチュラル型 | Variation #2 | 顔・頭…小顔　耳の高さ…つなげる
マズル…大きめのだ円　耳の長さ…普通
　　　　　　　　　　　耳の形……丸型 |

| Variation #3 | 顔・頭…小顔　耳の高さ…つなげる
マズル…大きめのだ円　耳の長さ…短い
　　　　　　　　　　　耳の形……丸型 | Variation #4 | 顔・頭…小顔　耳の高さ…つなげる
マズル…大きめのだ円　耳の長さ…かなり短い
　　　　　　　　　　　耳の形……丸型 |

顔がまる丸　顔がだ円　小顔　モヒカン　フェイクアフロ　ノーマルアフロ　アシンメトリー　トップノット　ピーナッツ　フリースタイル

087

CHAPTER | 06 | 顔のスタイルバリエーション176　①テディベア系のバリエーション

Style_05 ／ フェイクアフロ

Variation #5
- 顔・頭…小顔
- マズル…小さめのだ円
- 耳の高さ…つなげる
- 耳の長さ…長い
- 耳の形……ナチュラル型

Variation #6
- 顔・頭…小顔
- マズル…小さめのだ円
- 耳の高さ…つなげる
- 耳の長さ…普通
- 耳の形……丸型

Variation #7
- 顔・頭…小顔
- マズル…小さめのだ円
- 耳の高さ…つなげる
- 耳の長さ…短い
- 耳の形……丸型

Variation #8
- 顔・頭…小顔
- マズル…小さめのだ円
- 耳の高さ…つなげる
- 耳の長さ…かなり短い
- 耳の形……丸型

Style_05　フェイクアフロ

Variation #9

顔・頭…小顔	耳の高さ…つなげる
マズル…逆三角形	耳の長さ…長い
	耳の形……ナチュラル型

Variation #10

顔・頭…小顔	耳の高さ…つなげる
マズル…逆三角形	耳の長さ…普通
	耳の形……丸型

Variation #11

顔・頭…小顔	耳の高さ…つなげる
マズル…逆三角形	耳の長さ…短い
	耳の形……丸型

Variation #12

顔・頭…小顔	耳の高さ…つなげる
マズル…逆三角形	耳の長さ…かなり短い
	耳の形……丸型

Style_06
ノーマルアフロ

顔・頭と耳が一体化するようにつなげて作るスタイルです。
マズルは、大きめのだ円、小さめのだ円、逆三角形など、どの形を組み合わせてもかわいくなり、ラムクリップ風に作っても似合います。
耳は、頭とつなげて作りますが、顔の輪郭もはっきりとは作らず、全体的につながるようにします。
耳の形は、丸型に作って頭につなげますが、耳の下の毛を長くして、ナチュラル型にしてもかわいくなります。

Face & Head
顔・頭と耳が一体化するようにつなげて作ります。

Top
顔・頭と耳をつなげて、丸くボリューミーに作ります。

Muzzle
大きめのだ円、小さめのだ円、逆三角形、ラムクリップ風などから選びます。

大きめのだ円

小さめのだ円

逆三角形

ラムクリップ風

Ear

◆ 耳の長さのバリエーション

長い、普通、短いなどから選びます。

長い　　　　　　　　普通　　　　　　　　短い

◆ 耳の形のバリエーション

ナチュラル型、丸型などから選びます。

ナチュラル型　　　　丸型

CHAPTER | 06 | 顔のスタイルバリエーション176　②アフロ系のバリエーション

Style_06 ／ ノーマルアフロ

Variation #1

顔・頭…つなげる　耳の高さ…つなげる
マズル……大きめのだ円　耳の長さ…長い
　　　　　　　　　　耳の形……ナチュラル型

Variation #2

顔・頭…つなげる　耳の高さ…つなげる
マズル……大きめのだ円　耳の長さ…普通
　　　　　　　　　　耳の形……丸型

Variation #3

顔・頭…つなげる　耳の高さ…つなげる
マズル……大きめのだ円　耳の長さ…短い
　　　　　　　　　　耳の形……丸型

092

Style_06　ノーマルアフロ

Variation #4

顔・頭…つなげる	耳の高さ…つなげる
マズル…小さめのだ円	耳の長さ…長い
	耳の形……ナチュラル型

Variation #5

顔・頭…つなげる	耳の高さ…つなげる
マズル…小さめのだ円	耳の長さ…普通
	耳の形……丸型

Variation #6

顔・頭…つなげる	耳の高さ…つなげる
マズル…小さめのだ円	耳の長さ…短い
	耳の形……丸型

093

CHAPTER | 06 | 顔のスタイルバリエーション176　②アフロ系のバリエーション

Style_06／ノーマルアフロ

Variation #7

顔・頭…つなげる　耳の高さ…つなげる
マズル…逆三角形　耳の長さ…長い
　　　　　　　　　耳の形……ナチュラル型

Variation #8

顔・頭…つなげる　耳の高さ…つなげる
マズル…逆三角形　耳の長さ…普通
　　　　　　　　　耳の形……丸型

Variation #9

顔・頭…つなげる　耳の高さ…つなげる
マズル…逆三角形　耳の長さ…短い
　　　　　　　　　耳の形……丸型

Style_06　ノーマルアフロ

Variation #10

顔・頭…つなげる	耳の高さ…つなげる
マズル…ラムクリップ風	耳の長さ…長い
	耳の形……ナチュラル型

Variation #11

顔・頭…つなげる	耳の高さ…つなげる
マズル…ラムクリップ風	耳の長さ…普通
	耳の形……丸型

Variation #12

顔・頭…つなげる	耳の高さ…つなげる
マズル…ラムクリップ風	耳の長さ…短い
	耳の形……丸型

095

CHAPTER | 06 | 顔のスタイルバリエーション176　②アフロ系のバリエーション

Style_07
アシンメトリー

片耳をアフロのように頭とつなげて作り、もう一方の耳をテディベアのように顔と耳を分けて作るスタイルです。
耳の形は、左右を違う形にした方がメリハリが出ます。
顔・頭とつなげる耳は、ナチュラル型、丸型などに作り、顔・頭と分ける耳は、丸型、耳なりなどにするとかわいくなります。
マズルは、大きめのだ円、小さめのだ円、逆三角形など、どの形を組み合わせてもかわいくなり、ラムクリップ風に作っても似合います。

Face & Head

片耳をアフロのように頭とつなげて作り、もう一方の耳をテディベアのように顔と耳を分けて作ります。

Top

ベースはアフロのように丸くボリューミーに作りますが、片耳だけテディベアのように頭と分けます。

Muzzle

マズルは、大きめのだ円、小さめのだ円、逆三角形、ラムクリップ風などから選びます。

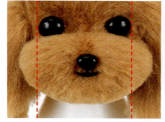
大きめのだ円

小さめのだ円

逆三角形

ラムクリップ風

Ear

◆ 耳の長さのバリエーション

片耳は長い、普通にしますが、もう一方の耳はそれよりも短いか同じ長さにします。

左右の長さを変えた場合

左右の長さを同じにした場合

◆ 耳の形のバリエーション

ナチュラル型、丸型から選びますが、片耳だけ耳なりにしてもかわいくなります。

向かって右耳・ナチュラル型、
向かって左耳・丸型

両耳とも丸型

向かって右耳・ナチュラル型、
向かって左耳・耳なり

向かって右耳・丸型、
向かって左耳・耳なり

CHAPTER | 06 | 顔のスタイルバリエーション176　②アフロ系のバリエーション

Style_07 ／ アシンメトリー

Variation #1

顔・頭……つなげる
マズル……大きめのだ円
耳の高さ…向かって右・つなげる
　　　　　　向かって左・普通
耳の長さ…向かって右・長い
　　　　　　向かって左・普通
耳の形……向かって右・ナチュラル型
　　　　　　向かって左・丸型

Variation #2

顔・頭……つなげる
マズル……大きめのだ円
耳の高さ…向かって右・つなげる
　　　　　　向かって左・普通
耳の長さ…向かって右・長い
　　　　　　向かって左・短い
耳の形……向かって右・ナチュラル型
　　　　　　向かって左・丸型

Variation #3

顔・頭……つなげる
マズル……大きめのだ円
耳の高さ…向かって右・つなげる
　　　　　　向かって左・普通
耳の長さ…向かって右・長い
　　　　　　向かって左・普通
耳の形……向かって右・ナチュラル型
　　　　　　向かって左・耳なり

098

Style_07　アシンメトリー

Variation #4

顔・頭……つなげる
マズル……大きめのだ円
耳の高さ…向かって右・つなげる
　　　　　　向かって左・普通
耳の長さ…向かって右・普通
　　　　　　向かって左・普通
耳の形……向かって右・丸型
　　　　　　向かって左・丸型

Variation #5

顔・頭……つなげる
マズル……大きめのだ円
耳の高さ…向かって右・つなげる
　　　　　　向かって左・普通
耳の長さ…向かって右・普通
　　　　　　向かって左・短い
耳の形……向かって右・丸型
　　　　　　向かって左・丸型

Variation #6

顔・頭……つなげる
マズル……大きめのだ円
耳の高さ…向かって右・つなげる
　　　　　　向かって左・普通
耳の長さ…向かって右・普通
　　　　　　向かって左・普通
耳の形……向かって右・丸型
　　　　　　向かって左・耳なり

CHAPTER | 06 | 顔のスタイルバリエーション176　②アフロ系のバリエーション

Style_07／アシンメトリー

Variation #7

顔・頭……つなげる
マズル……小さめのだ円
耳の高さ…向かって右・つなげる
　　　　　向かって左・普通
耳の長さ…向かって右・長い
　　　　　向かって左・普通
耳の形……向かって右・ナチュラル型
　　　　　向かって左・丸型

Variation #8

顔・頭……つなげる
マズル……小さめのだ円
耳の高さ…向かって右・つなげる
　　　　　向かって左・普通
耳の長さ…向かって右・長い
　　　　　向かって左・短い
耳の形……向かって右・ナチュラル型
　　　　　向かって左・丸型

Variation #9

顔・頭……つなげる
マズル……小さめのだ円
耳の高さ…向かって右・つなげる
　　　　　向かって左・普通
耳の長さ…向かって右・長い
　　　　　向かって左・普通
耳の形……向かって右・ナチュラル型
　　　　　向かって左・耳なり

Style_07 アシンメトリー

Variation #10

顔・頭……つなげる
マズル……小さめのだ円
耳の高さ…向かって右・つなげる
　　　　　向かって左・普通
耳の長さ…向かって右・普通
　　　　　向かって左・普通
耳の形……向かって右・丸型
　　　　　向かって左・丸型

Variation #11

顔・頭……つなげる
マズル……小さめのだ円
耳の高さ…向かって右・つなげる
　　　　　向かって左・普通
耳の長さ…向かって右・普通
　　　　　向かって左・短い
耳の形……向かって右・丸型
　　　　　向かって左・丸型

Variation #12

顔・頭……つなげる
マズル……小さめのだ円
耳の高さ…向かって右・つなげる
　　　　　向かって左・普通
耳の長さ…向かって右・普通
　　　　　向かって左・普通
耳の形……向かって右・丸型
　　　　　向かって左・耳なり

CHAPTER | 06 | 顔のスタイルバリエーション176　②アフロ系のバリエーション

Style_07 ／ アシンメトリー

Variation #13

顔・頭……つなげる
マズル……逆三角形
耳の高さ…向かって右・つなげる
　　　　　　向かって左・普通
耳の長さ…向かって右・長い
　　　　　　向かって左・普通
耳の形……向かって右・ナチュラル型
　　　　　　向かって左・丸型

Variation #14

顔・頭……つなげる
マズル……逆三角形
耳の高さ…向かって右・つなげる
　　　　　　向かって左・普通
耳の長さ…向かって右・長い
　　　　　　向かって左・短い
耳の形……向かって右・ナチュラル型
　　　　　　向かって左・丸型

Variation #15

顔・頭……つなげる
マズル……逆三角形
耳の高さ…向かって右・つなげる
　　　　　　向かって左・普通
耳の長さ…向かって右・長い
　　　　　　向かって左・普通
耳の形……向かって右・ナチュラル型
　　　　　　向かって左・耳なり

Style_07　アシンメトリー

Variation #16

顔・頭……つなげる
マズル……逆三角形
耳の高さ…向かって右・つなげる
　　　　　　向かって左・普通
耳の長さ…向かって右・普通
　　　　　　向かって左・普通
耳の形……向かって右・丸型
　　　　　　向かって左・丸型

Variation #17

顔・頭……つなげる
マズル……逆三角形
耳の高さ…向かって右・つなげる
　　　　　　向かって左・普通
耳の長さ…向かって右・普通
　　　　　　向かって左・短い
耳の形……向かって右・丸型
　　　　　　向かって左・丸型

Variation #18

顔・頭……つなげる
マズル……逆三角形
耳の高さ…向かって右・つなげる
　　　　　　向かって左・普通
耳の長さ…向かって右・普通
　　　　　　向かって左・普通
耳の形……向かって右・丸型
　　　　　　向かって左・耳なり

CHAPTER | 06 | 顔のスタイルバリエーション176　②アフロ系のバリエーション

Style_07 ／ アシンメトリー

Variation #19

顔・頭……つなげる
マズル……ラムクリップ風
耳の高さ…向かって右・つなげる
　　　　　向かって左・普通
耳の長さ…向かって右・長い
　　　　　向かって左・普通
耳の形……向かって右・ナチュラル型
　　　　　向かって左・丸型

Variation #20

顔・頭……つなげる
マズル……ラムクリップ風
耳の高さ…向かって右・つなげる
　　　　　向かって左・普通
耳の長さ…向かって右・長い
　　　　　向かって左・短い
耳の形……向かって右・ナチュラル型
　　　　　向かって左・丸型

Variation #21

顔・頭……つなげる
マズル……ラムクリップ風
耳の高さ…向かって右・つなげる
　　　　　向かって左・普通
耳の長さ…向かって右・長い
　　　　　向かって左・普通
耳の形……向かって右・ナチュラル型
　　　　　向かって左・耳なり

104

Style_07　アシンメトリー

Variation #22

顔・頭……つなげる
マズル……ラムクリップ風
耳の高さ…向かって右・つなげる
　　　　　向かって左・普通
耳の長さ…向かって右・普通
　　　　　向かって左・普通
耳の形……向かって右・丸型
　　　　　向かって左・丸型

Variation #23

顔・頭……つなげる
マズル……ラムクリップ風
耳の高さ…向かって右・つなげる
　　　　　向かって左・普通
耳の長さ…向かって右・普通
　　　　　向かって左・短い
耳の形……向かって右・丸型
　　　　　向かって左・丸型

Variation #24

顔・頭……つなげる
マズル……ラムクリップ風
耳の高さ…向かって右・つなげる
　　　　　向かって左・普通
耳の長さ…向かって右・普通
　　　　　向かって左・普通
耳の形……向かって右・丸型
　　　　　向かって左・耳なり

CHAPTER | 06 | 顔のスタイルバリエーション176　③その他のバリエーション

Style_08
トップノット

顔を目尻のギリギリで小顔に作り、頭と耳の毛をつなげてゴムなどで結ぶスタイルです。
目の上から頭にかけた毛を全て伸ばして結ぶ場合と、目の上からおでこまでの毛を短くカットし、
おでこの途中から毛を伸ばして結ぶ場合の2種類あります。
耳は頭とつなげて作りますが、フェイクアフロのように顔の輪郭は耳と分けて作ります。
耳の形は、ナチュラル型、丸型が似合い、好みの長さで調整します。
マズルは、大きめのだ円、小さめのだ円、逆三角形など、どの形を組み合わせてもかわいくなり、ラムクリップ風に作っても似合います。

Face & Head

顔は目尻のギリギリで小顔に作ります。
頭と耳は伸ばしてつなげ、ゴムなどで
結びます。

Top

頭と耳の毛を伸ばし、ゴムなどで
結びます。

目の上から頭にかけた毛を
全て伸ばして結ぶ場合

目の上からおでこまでの毛を短くカットし、
途中から毛を伸ばして結ぶ場合

Muzzle

大きめのだ円、小さめのだ円、逆三角形、ラムクリップ風などから選びます。

| 大きめのだ円 | 小さめのだ円 | 逆三角形 | ラムクリップ風 |

Ear

◆ 耳の長さのバリエーション

長い、普通、短いなどから選びます。

| 長い | 普通 | 短い |

◆ 耳の形のバリエーション

ナチュラル型、丸型などから選びます。

| ナチュラル型 | 丸型 |

CHAPTER | 06 | 顔のスタイルバリエーション176　③その他のバリエーション

Style_08 ／ トップノット

Variation #1

顔・頭…小顔
　　　　（目の上から
　　　　　頭までつなげる）
マズル…大きめのだ円

耳の高さ…つなげる
耳の長さ…長い
耳の形……ナチュラル型

Variation #2

顔・頭…小顔
　　　　（目の上から
　　　　　頭までつなげる）
マズル…大きめのだ円

耳の高さ…つなげる
耳の長さ…普通
耳の形……丸型

Variation #3

顔・頭…小顔
　　　　（目の上から
　　　　　頭までつなげる）
マズル…大きめのだ円

耳の高さ…つなげる
耳の長さ…短い
耳の形……丸型

108

Style_08 トップノット

Variation #4

顔・頭…小顔（目の上から頭までつなげる）
マズル…小さめのだ円
耳の高さ…つなげる
耳の長さ…長い
耳の形……ナチュラル型

Variation #5

顔・頭…小顔（目の上から頭までつなげる）
マズル…小さめのだ円
耳の高さ…つなげる
耳の長さ…普通
耳の形……丸型

Variation #6

顔・頭…小顔（目の上から頭までつなげる）
マズル…小さめのだ円
耳の高さ…つなげる
耳の長さ…短い
耳の形……丸型

CHAPTER | 06 | 顔のスタイルバリエーション176　③その他のバリエーション

Style_08／トップノット

Variation #7

顔・頭…小顔　　　　耳の高さ…つなげる
（目の上から　　　耳の長さ…長い
頭までつなげる）　耳の形……ナチュラル型
マズル…逆三角形

Variation #8

顔・頭…小顔　　　　耳の高さ…つなげる
（目の上から　　　耳の長さ…普通
頭までつなげる）　耳の形……丸型
マズル…逆三角形

Variation #9

顔・頭…小顔　　　　耳の高さ…つなげる
（目の上から　　　耳の長さ…短い
頭までつなげる）　耳の形……丸型
マズル…逆三角形

Style_08 トップノット

Variation #10

顔・頭…小顔
（目の上から頭までつなげる）
マズル…ラムクリップ風
耳の高さ…つなげる
耳の長さ…長い
耳の形……ナチュラル型

Variation #11

顔・頭…小顔
（目の上から頭までつなげる）
マズル…ラムクリップ風
耳の高さ…つなげる
耳の長さ…普通
耳の形……丸型

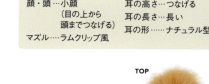

Variation #12

顔・頭…小顔
（目の上から頭までつなげる）
マズル…ラムクリップ風
耳の高さ…つなげる
耳の長さ…短い
耳の形……丸型

111

CHAPTER | 06 | 顔のスタイルバリエーション176　③その他のバリエーション

Style_08 ／ トップノット

Variation #13

顔・頭…小顔（目の上からおでこまで短くする）
マズル…大きめのだ円
耳の高さ…つなげる
耳の長さ…長い
耳の形……ナチュラル型

Variation #14

顔・頭…小顔（目の上からおでこまで短くする）
マズル…大きめのだ円
耳の高さ…つなげる
耳の長さ…普通
耳の形……丸型

Variation #15

顔・頭…小顔（目の上からおでこまで短くする）
マズル…大きめのだ円
耳の高さ…つなげる
耳の長さ…短い
耳の形……丸型

Style_08　トップノット

Variation #16

顔・頭…小顔（目の上からおでこまで短くする）
マズル…小さめのだ円
耳の高さ…つなげる
耳の長さ…長い
耳の形……ナチュラル型

Variation #17

顔・頭…小顔（目の上からおでこまで短くする）
マズル…小さめのだ円
耳の高さ…つなげる
耳の長さ…普通
耳の形……丸型

Variation #18

顔・頭…小顔（目の上からおでこまで短くする）
マズル…小さめのだ円
耳の高さ…つなげる
耳の長さ…短い
耳の形……丸型

CHAPTER | 06 | 顔のスタイルバリエーション176　③その他のバリエーション

Style_08 ／ トップノット

Variation #19

顔・頭…小顔（目の上からおでこまで短くする）
マズル…逆三角形
耳の高さ…つなげる
耳の長さ…長い
耳の形……ナチュラル型

Variation #20

顔・頭…小顔（目の上からおでこまで短くする）
マズル…逆三角形
耳の高さ…つなげる
耳の長さ…普通
耳の形……丸型

Variation #21

顔・頭…小顔（目の上からおでこまで短くする）
マズル…逆三角形
耳の高さ…つなげる
耳の長さ…短い
耳の形……丸型

Style_08　トップノット

Variation #22

顔・頭…小顔（目の上からおでこまで短くする）	耳の高さ…つなげる
マズル…ラムクリップ風	耳の長さ…長い
	耳の形……ナチュラル型

Variation #23

顔・頭…小顔（目の上からおでこまで短くする）	耳の高さ…つなげる
マズル…ラムクリップ風	耳の長さ…普通
	耳の形……丸型

Variation #24

顔・頭…小顔（目の上からおでこまで短くする）	耳の高さ…つなげる
マズル…ラムクリップ風	耳の長さ…短い
	耳の形……丸型

Style_09
ピーナッツ

頭を顔やマズルよりも大きくして、ピーナッツ型に作るスタイルです。
耳の高さは、頭とマズルのバランスを考え、本来の耳の位置に合わせます。
耳の形は、ナチュラル型、まっすぐ型、丸型などが似合い、好みの長さで調整します。
マズルは、小さめのだ円、逆三角形などに作るとかわいくなります。

Face & Head

頭を顔やマズルよりも大きくして、ピーナッツ型に作ります。

Muzzle

小さめのだ円、逆三角形などから選びます。

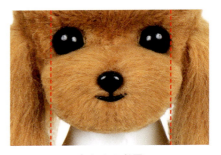

小さめのだ円

逆三角形

◆ 耳の長さのバリエーション

長い、普通、短いなどから選びます。

| 長い | 普通 | 短い |

◆ 耳の形のバリエーション

ナチュラル型、まっすぐ型、丸型などから選びます。

| ナチュラル型 | まっすぐ型 | 丸型 |

Style_09　ピーナッツ

Variation #1

顔・頭…ピーナッツ型　耳の高さ…普通
マズル…小さめのだ円　耳の長さ…長い
　　　　　　　　　　耳の形……ナチュラル型

Variation #2

顔・頭…ピーナッツ型　耳の高さ…普通
マズル…小さめのだ円　耳の長さ…普通
　　　　　　　　　　耳の形……まっすぐ型

Variation #3

顔・頭…ピーナッツ型　耳の高さ…普通
マズル…小さめのだ円　耳の長さ…短い
　　　　　　　　　　耳の形……丸型

Style_09／ピーナッツ

Variation #4

顔・頭…ピーナッツ型	耳の高さ…普通
マズル…逆三角形	耳の長さ…長い
	耳の形……ナチュラル型

Variation #5

顔・頭…ピーナッツ型	耳の高さ…普通
マズル…逆三角形	耳の長さ…普通
	耳の形……まっすぐ型

Variation #6

顔・頭…ピーナッツ型	耳の高さ…普通
マズル…逆三角形	耳の長さ…短い
	耳の形……丸型

Style_10
フリースタイル

他の9スタイルのどれにも当てはまらない、オリジナルのスタイルです。
プードル以外の犬種に似せて作ったり、テーマを決めて作ったり、自由な発想で作ります。
いきなり本物の犬でやるのが難しくても、ウィッグであればチャレンジしやすいので、
自分だけのオリジナルスタイルを考案してみましょう。

CHAPTER | 06 | 顔のスタイルバリエーション176　③その他のバリエーション

Style_10 ／ フリースタイル

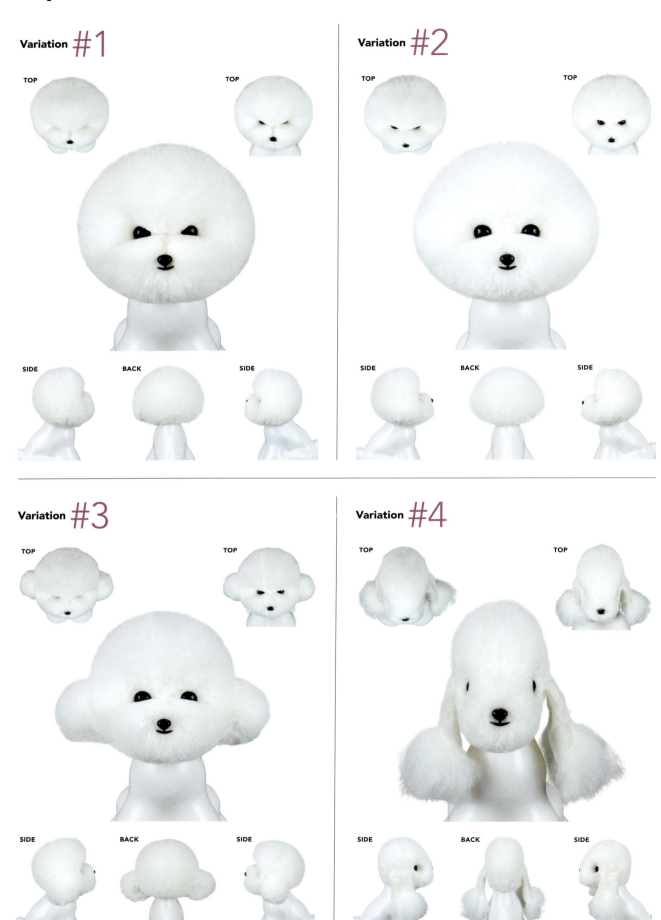

Style_10　フリースタイル

Variation #5

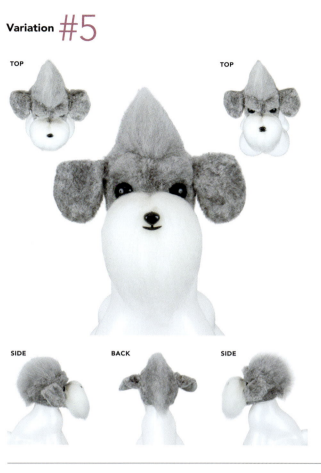

Variation #6

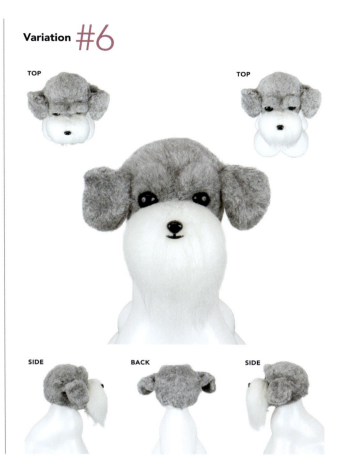

Variation #7

Variation #8

121

CHAPTER | 06 | 顔のスタイルバリエーション176　③その他のバリエーション

Style_10 ／ フリースタイル

Style_10 フリースタイル

Variation #13

Variation #14

Variation #15

Variation #16

顔がまる丸 / 顔がだ円 / 小顔 / モヒカン / フェイクアフロ / ノーマルアフロ / アシンメトリー / トップノット / ピーナッツ / フリースタイル

123

CHAPTER | 06 | 顔のスタイルバリエーション176　③その他のバリエーション

Style_10 ／ フリースタイル

Style_10　フリースタイル

Variation #21

Variation #22

Variation #23

Variation #24

125

Style_10　フリースタイル

Variation #29

Variation #30

Variation #31

Variation #32

プードルの顔カットを視覚で覚える！
グラフィックトリミング
ロジカルトレーニングBOOK

2019年10月 1 日　　第 1 版第 1 刷発行
2020年 7 月 6 日　　第 1 版第 2 刷発行
2021年10月10日　　第 1 版第 3 刷発行
2024年12月 9 日　　第 1 版第 4 刷発行

監修者　　髙木美樹

発行人　　太田宗雪

発行所　　株式会社 EDUWARD Press
　　　　　〒194-0022
　　　　　東京都町田市森野1-24-13 ギャランフォトビル3階
　　　　　編集部 Tel. 042-707-6138（代表）／ Fax. 042-707-6139
　　　　　販売推進課（受注専用）Tel. 0120-80-1906 ／ Fax. 0120-80-1872
　　　　　E-mail　info@eduward.jp
　　　　　Web Site　https://eduward.online（オンラインショップ）
　　　　　　　　　　https://eduward.jp（コーポレートサイト）

表紙・本文デザイン：I'll Products
写真撮影：新井隆弘、石橋 絵
イラスト：ヨギトモコ
印刷・製本：瞬報社写真印刷株式会社

───────────────────────────────────────

乱丁・落丁本は，送料弊社負担にてお取り替えいたします。
本書の内容の一部または全部を無断で複写・複製・転載（電子化を含む）することを禁じます。
本書の内容に変更・訂正などがあった場合は，上記の弊社コーポレートサイト「SUPPORT」に掲載
しております正誤表にてお知らせいたします。

© 2019 Interzoo Publishing Co., Ltd, 2020 EDUWARD Press Co.,Ltd. All Rights Reserved. Printed in Japan
ISBN978-4-86671-078-5 C0045